沈阳市商务局
沈阳市规划设计研究院有限公司　　组织编写

沈阳一刻钟便民生活圈
规划建设实践探索

李鑫　王帅　曹彦芹　著

U0269991

中国建筑工业出版社

编委会

序言

　　一刻钟便民生活圈，即服务半径为步行 15 分钟左右范围内，以满足居民日常生活基本消费和品质消费为目标，以多业态集聚形成的社区商圈。一刻钟便民生活圈一端连着社区居民，一端连着众多小微企业和个体工商户，是联通经济社会微循环的"毛细血管"，旨在让社区居民在家门口附近就能便利消费、便利生活。近年来，随着城市化进程加快推进和人们消费水平不断提高，各地便民生活圈快速发展，但也存在商业网点布局不均、设施老旧、新业态新技术新模式发展不平衡不充分等问题。为此，自 2021 年起，商务部联合相关部门先后印发了《商务部等 12 部门关于推进城市一刻钟便民生活圈建设的意见》《城市一刻钟便民生活圈建设指南》《全面推进城市一刻钟便民生活圈建设三年行动计划（2023—2025）》，明确了"十四五"时期"百城千圈"的建设目标，按照"试点先行、以点带面、逐步推广"的工作思路，全面推动一刻钟便民生活圈建设。

　　建设便民生活圈，是贯彻以人民为中心的发展思想的具体实践，是一项重大的民心工程，承载着新时代为人民谋幸福的初心，是改革发展成果惠及人民的重要体现。建设便民生活圈，是畅通国民经济循环的重要任务，对于加快建设现代流通体系、服务构建新发展格局具有重要意义。建设便民生活圈，是实施扩大内需战略的有效举措，有助于激发居民消费内生动力和超大规模市场潜力，形成需求牵引供给、供给创造需求的更高水平动态平衡。

　　沈阳作为首批试点城市，系统推进一刻钟便民生活圈建设，聚焦补齐基本保障类业态，发展品质提升类业态，优化社区商业网点布局，改善社区消费条件，创新社区消费场景，提升居民生活品质，积极实践，大胆探索，建立横向协作、纵向联动的工作机制，构建完整规划体系，采取全周期闭环管理，开展数字化应用探索，形成了可复制推广的典型经验。

《沈阳一刻钟便民生活圈规划建设实践探索》一书，系统总结了沈阳在便民生活圈建设中的经验做法和成果亮点。我相信，本书的出版将为全国其他城市提供有益的借鉴和参考，共同推动一刻钟便民生活圈建设由局部探索、一隅推进转向系统集成、全面深化，加快形成"圈圈相融、环环相扣"的发展格局，让更多人民群众尽享家门口的美好便利生活。

武传亮

商务部流通产业促进中心副主任

2024 年 12 月 27 日

前言

近年来，城乡规划建设向推动高质量发展、创造高品质生活、实现高效能治理的方向转型。为畅通国民经济循环，满足人民日益增长的美好生活需要，2021年商务部联合有关部门先后出台了《商务部等12部门关于推进城市一刻钟便民生活圈建设的意见》和《城市一刻钟便民生活圈建设指南》，明确"十四五"时期"百城千圈"的目标，确定了首批30个试点地区，在全国范围内推动城市一刻钟便民生活圈的建设。沈阳市入选全国首批试点地区，随着两年试点、三年推广的任务逐步推进，探索出一刻钟便民生活圈实践的方法和路径。

本书以促进一刻钟便民生活圈有效建设、高效管理、实效服务为目标，全面回顾沈阳市一刻钟便民生活圈的建设历程，总结规划建设的实践经验，以期为其他地区提供有益的参考与借鉴。

全书包含背景概述、理论与实践、沈阳总体概况、规划建设体系、工作机制、技术赋能、建设成效与实例共七个篇章。按照"根干枝果"的树型结构进行编排。第1章、第2章是"根"，从便民生活圈的城市发展背景和理论溯源与实践探索开始讨论；第3章是"干"，从历史视角梳理沈阳市社区商业和生活服务业不同发展阶段的特征，回顾沈阳市一刻钟便民生活圈的工作历程，总结沈阳一刻钟便民生活圈在规划建设、工作机制、技术赋能方面的创新特色；第4～6章相当于三个"枝"，分别阐述全链条的规划体系、全周期的工作机制和全方位的技术赋能；第7章则是"果"，从沈阳全市层面总结一刻钟便民生活圈的建设成效，从社区层面总结典型试点实践经验。

第1章为一刻钟便民生活圈概述，梳理与生活圈相关的城市发展背景和政策脉络，深入理解一刻钟便民生活圈创建的背景、思路和目标，准确把握其建设要求和实施重点。

第 2 章为一刻钟便民生活圈建设理论与实践，通过邻里单元、15 分钟城市等生活圈相关理论溯源，比较相关概念，厘清便民生活圈的内涵。基于全国三个批次的试点城市实践，总结各地区的实施重点和亮点做法。

第 3 章为沈阳一刻钟便民生活圈规划建设概况，从历史发展脉络角度，分析沈阳社区商业和生活服务业的发展阶段特征。回顾沈阳一刻钟便民生活圈建设的工作历程，总结在规划建设过程中的创新特色和亮点经验。

第 4 章为沈阳一刻钟便民生活圈规划建设体系构建，沈阳构建了"总体规划为引领，一个专项规划统筹指导，两部建设规范约束，N 个实施方案确保落地见效"全链条的规划体系。总体规划提供了方向性引领和战略性支持；一个专项规划统筹全市范围内便民生活圈布局与发展策略；两部建设规范为具体实施提供了明确的指导和统一的标准；N 个实施方案把脉便民生活圈建设痛点、难点、堵点，精准施策。

第 5 章为沈阳一刻钟便民生活圈工作机制建立，阐述了沈阳如何建立党建引领、试点建设、评估考核和政策保障机制。通过构建跨部门、跨层级的工作协调机制，明确各部门的职责分工与协作流程，确保各部门能够协同发力。通过制定评估验收标准，对项目的建设进度、质量效益等进行全面评估。

第 6 章为沈阳一刻钟便民生活圈技术赋能探索，针对便民生活圈建设过程中数据采集缺乏辅助工具、供需两端缺乏精准匹配、公众参与缺乏有效路径等痛点问题，开展数字化应用探索，助力实现便民生活圈全面感知、精准分析、智能决策和公众参与。

第 7 章为沈阳一刻钟便民生活圈建设成效与实例，总结沈阳在两年试点期间一刻钟便民生活圈的建设成效，从共建共治共管、运营模式、网点建设、场景打造、数字赋能等方面总结优秀案例，形成可复制、可推广的典型经验。

本书内容难免有不当和错漏之处，敬请读者不吝赐教、批评指正。

目录

第1章 一刻钟便民生活圈概述

1.1 一刻钟便民生活圈的建设背景

高质量发展是全面建设社会主义现代化国家的重要任务，面对城镇化发展新时期，为推进中国式现代化，必须聚焦城市高质量发展。为深入践行"以人民为中心"的指导思想，让城市成为人民群众高质量生活的空间，充分发挥社区生活圈的基础性和综合性作用，国家及地方层面都相继出台了与生活圈相关的政策。

在此基础上，辽宁省沈阳市以"与邻为善、以邻为伴"理念作为社区生活圈治理的新视角，全方位打造一刻钟便民生活圈。

1.1.1 城市发展背景

习近平总书记在上海考察时指出，无论是城市规划还是城市建设，无论是新城区建设还是老城区改造，都要坚持以人民为中心，聚焦人民群众的需求，合理安排生产、生活、生态空间，走内涵式、集约型、绿色化的高质量发展路子，努力创造宜业、宜居、宜乐、宜游的良好环境，让人民有更多获得感，为人民创造更加幸福的美好生活。应坚持以人民为中心的发展思想，加快推进城市建设和发展，聚焦人民群众对高品质生活的需要，不断提高城市工作水平，努力建设"人民之城""幸福之城"，顺应人民对美好生活的新期待，适应人的全面发展和全体人民共同富裕的进程，把全生命周期管理理念贯穿城市规划、建设、管理全过程。

当前，我国已步入城镇化快速发展的中后期阶段。在城乡建设领域，工作重点正从大规模的增量建设逐步转向存量提质改造与增量结构调整并驾齐驱的新模式，从单纯追求"有没有"转变为更注重"高质量"的精细化发展阶段。党的十九届六中全会强调，必须实现创新成为第一动力、协调成为内生特点、绿色成为普遍形态、开放成为必由之路、共享成为根本目的的高质量发展，推动经济发展质量变革、效率变革、动力变革。高质量发展背景下的城乡建设应坚持以人民为中心，遵循城市发展规律，把新发展理念贯穿存量更新的全过程和各方面，加快建设宜居、绿色、智慧、韧性、人文城市，让城市成为人民群众高质量生活的空间。

在社会治理领域，社区治理是社会治理的基础环节，也是基层治理的基本场域，社区治理模式随着经济社会的发展而不断地适时更新变化，特别是在中国式现代化的语义下，社区治理也将展现出发展的新形势与新业态。2017 年 6 月，中共中央、国务院出台《关于加强和完善城乡社区治理的意见》，指出提升城乡社区治理水平的"六种能力"：社区居民参与能力、社区服务供给能力、社区文化引领能力、社区依法办事能力、矛盾预防化解能力和信息化应用能力。对城乡社区治理水平提出更高要求，具体明确社区治理参与主体作用和能力提升，补齐社区治理发展短板，以人民为中心为基本遵循、以韧性社区治理共同体为最佳路径、以数智化治理技术为重要方式，实现社区治理体系和治理能力现代化。

在人民生活领域，随着城市人口密度和老龄化程度的加剧，居民对于便捷、高效、舒适的城市生活环境的需求日益增长，提高公共服务设施的覆盖面和均等化水平成为满足居民幸福感与归属感的主要抓手；同时，随着居民生活水平的提高，对日常消费和品质消费的需求也更加多样化和个性化，因此，需要制定和实施各项社会政策，大力推动民生建设，不断发展各项社会事业，提高人民群众在教育、健康、就业、住房等方面的实际获得水平，切实改善人民群众的生活质量。

1.1.2　政策方针背景

1）相关政策

城市生活方式的变化催生了一系列新的社会诉求，城市公共服务设施的配置理念从过去的"以物为中心"逐步发展为"以人为中心"，配置模式也从单纯自上而下的居住配套设施建设，逐步发展成为满足多元诉求的社区生活圈构建，更强调公共服务品质的提升和社区治理方式的精细化，注重人民获得感和幸福感的提升。为了切实回应人民对美好生活的向往，近年来，国家和地方相继推出了社区生活圈建设的相关政策及文件。

2018 年 7 月 10 日，住房和城乡建设部（以下简称"住建部"）等两部门联合发布《城市居住区规划设计标准》GB 50180—2018，借鉴"15 分钟社区生活圈"建设理念，提出了居住街坊、5 分钟生活圈、10 分钟生活圈、15 分钟生活圈四个等级，设置用地指标、设施配建指标。

2019 年 3 月 20 日，浙江省政府印发《浙江省未来社区建设试点工作方案》，以满足人民美好生活向往为根本目的，围绕社区全生活链服务需求，以人本化、生态化、数字化为价值导向，勾勒了未来邻里、教育、健康、创业、建筑、交通、低碳、服务和治理等九大场景，打造有归属感、舒适感和未来感的新型城市功能单元，并全面启动试点建设。

2021 年 5 月，商务部等 12 部门联合印发《关于推进城市一刻钟便民生活圈建设的意见》，要求坚持以人民为中心的发展思想，按照试点先行、以点带面、逐步推开的思路，提出以城市为便民生活圈实施主体，重点围绕推动科学优化布局、补齐设施短板、丰富商业业态、壮大市场主体、创新服务能力、引导规范经营等开展试点，探索并推广相关经验。

2021 年 6 月 9 日，自然资源部发布《社区生活圈规划技术指南》TD/T 1062—2021，充分贯彻"创新、协调、绿色、开放、共享"的新发展理念，在总结各地实践经验的基础上，确立了社区生活圈规划工作的总体原则和要求，并补充了对乡村社区生活圈建设的指导意见。

2021 年 12 月 17 日，住建部办公厅印发《完整居住社区建设指南》，明确了完整居住社区的基本内涵、基本要求、建设指引和典型案例，从保障社区老年人、儿童的基本生活出发，配套养老、托幼等基本生活服务设施，促进公共服务的均等化，提升人民群众的幸福感和获得感；通过构建规模适宜、功能完善的基本细胞，优化调整城市结构，完善城市功能，激发城市活力，从根本上解决"城市病"问题，推动城市转型发展。

2023 年 11 月 26 日，国家发展和改革委员会（以下简称"发改委"）印发《城市社区嵌入式服务设施建设工程实施方案》，提出实施城市社区嵌入式服务设施建设工程，是新时代新征程坚持以人民为中心的发展思想、提高人民生活品质的具体实践，是解决人民群众急难愁盼、推动公共服务惠及全民的重要举措。

从政策体系结构视角来看，生活圈建设相关政策应对不同工作目标与重点。纵向构建了从国家至省的"两级体系"、横向构建了从"未来社区"到"一刻钟便民生活圈"到"完整社区"再到"社区嵌入式服务"等"四项侧重"的发展方向：

在国家级层面，通过各部委印发文件，提出优化公共服务体系、深化民生福祉改善等生活圈发展基础要求，再而转向地方层面，强调因地制宜的发展策略，促进生活圈建设多元化与特色化发展。

"未来社区"的建设重点面向科技赋能，通过构建智能化系统平台，实现社区治理服务的高效协同；"一刻钟便民生活圈"与"完整社区"的政策核心在于强化居民基本公共服务与便民商业服务保障；"社区嵌入式服务"注重将各类服务资源深度融合进社区，满足居民多样化需求（表 1-1）。

生活圈相关政策汇总　　　　　　　　　　　　　　　　　　　　　　表 1-1

政策主题	发文时间	发布主体	级别	政策文件	政策导向	阶段工作目标
未来社区	2019年3月20日	浙江省人民政府办公厅	省级	《浙江省未来社区建设试点工作方案》	围绕九大场景，打造有归属感、舒适感和未来感的新型城市功能单元	构建以未来邻里、教育、健康、创业、建筑、交通、低碳、服务和治理等九大场景创新为重点的集成系统
一刻钟便民生活圈	2021年5月28日	商务部等12部门	国家级	《关于推进城市一刻钟便民生活圈建设的意见》	坚持以人民为中心的发展思想，按照试点先行、以点带面、逐步推开的思路，明确申报试点城市具体要求	"十四五"期间，指导建设一批布局合理、业态齐全、功能完善、智慧便捷、规范有序、服务优质、商居和谐的便民生活圈
社区生活圈	2021年6月9日	自然资源部	国家级	《社区生活圈规划技术指南》TD/T 1062—2021	规定了城镇社区生活圈和乡村社区生活圈的配置层级、服务要素、布局指引、环境提升，以及差异引导和实施要求等技术指引内容	依托社区生活圈组织城乡生活，统筹居住、就业、游憩、出行、学习、康养等物质与文化要素。依托生活圈促进城乡治理，培育社会自治环境，推动社会治理重心向基层下移，打通共享共建的互动路径
完整社区	2021年12月17日	住建部办公厅	国家级	《完整居住社区建设指南》	聚焦"一老一小"，补齐社区服务设施短板，改善人居环境	完善社区服务设施。以社区居民委员会辖区为基本单元推进完整社区建设试点工作，规划建设社区综合服务设施、幼儿园、托儿所、老年服务站、社区卫生服务站，统筹若干个完整社区构建活力街区，配建中小学、养老院、社区医院等设施，与十五分钟生活圈相衔接，为居民提供更加完善的公共服务，推进智能化服务
社区嵌入式服务	2023年11月26日	发改委等	国家级	《城市社区嵌入式服务设施建设工程实施方案》	推动城市公共服务设施有机嵌入社区	社区嵌入式服务设施向社区居民提供养老托育、社区助餐、家政便民、健康服务、体育健身、文化休闲、儿童游憩等一种或多种服务

从政策推广实施过程与实施范围来看，由于政策针对侧重点的不同，实施对象体现出显著差异。以"社区嵌入式服务"相关政策为例，该政策明确将实施重点放在了城区常住人口超过百万的大城市上，能够更好地满足各大城市在嵌入式服务建设方面的特定需求。在实施层面，一般采取"先试点、后推广"的稳健模式。选取代表性区域进行政策试点，深入总结成功经验再逐步扩展，实现全面覆盖（表1-2）。

生活圈相关政策实施与推广情况汇总   表1-2

政策主题	实施对象	试点阶段		实施推广阶段	目前建设进展
未来社区	浙江省内城市社区	2019年3月20日《浙江省未来社区建设试点工作方案》	2019年11月11日《关于高质量加快推进未来社区试点建设工作的意见》	到2035年，浙江省累计创建未来社区1500个左右、覆盖全省30%左右的城市社区，2035年，基本实现未来社区全域覆盖	已公布7批次1263个未来社区创建项目名单，同时发布3批次201个未来社区名单
一刻钟便民生活圈	全国有条件的城市推开	2021年5月28日《关于推进城市一刻钟便民生活圈建设的意见》	2021年7月20日《城市一刻钟便民生活圈建设指南》	到2025年，在全国有条件的地级以上城市全面推开，居民综合满意度达到90%以上	2023年9月已公布第三批城市一刻钟便民生活圈试点名单
完整社区	每个城市（区）选取3~5个社区开展完整社区建设试点	2021年12月17日《关于印发完整居住社区建设指南的通知》	2022年10月9日《关于开展完整社区建设试点工作的通知》	试点工作自2022年10月开始，为期2年	2023年7月已发布106个社区试点名单
社区嵌入式服务	优先在城区常住人口超过100万人的大城市推进建设	—	—	到2027年，在总结试点形成的经验做法和有效建设模式基础上，向其他各类城市和更多社区稳妥有序推开，逐步实现居民就近就便享有优质普惠的公共服务	选择50个左右城市开展试点

2）辽宁、沈阳实践

习近平总书记对辽宁及沈阳的振兴发展高度重视，多次作出重要指示，为辽宁、沈阳全面振兴指明了方向，提供了根本遵循。

2013 年 8 月，习近平总书记来到沈阳市沈河区大南街道多福社区看望居民，他在与居民座谈时指出："社区建设光靠钱不行，要与邻为善、以邻为伴。"同时强调了社区建设并不仅仅依赖于资金投入，更需要建立良好的邻里关系，共同营造和谐的社区氛围。生活圈的营造需要调动社区居民、社会组织等多元主体参与社区事务，形成协商共治的社区治理格局。

2022 年 8 月，习近平总书记来到沈阳，提出了要聚焦"为民、便民、安民"改善人居环境，加强社区服务，提升服务功能，"一老一幼"是大多数家庭的主要关切等重要指示要求，指出辽宁要在东北振兴中展现更大担当和作为，要奋力开创振兴发展新局面。

2021 年，作为全国首批一刻钟便民生活圈试点城市，沈阳市全面启动了一刻钟便民生活圈试点建设，以市内九区为建设主体，全方位打造一刻钟便民生活圈。试点工作开展以来，沈阳在全市范围内迅速启动了首批 10 个便民生活圈建设，启动编制了《沈阳市一刻钟便民生活圈建设专项规划》（以下简称《专项规划》）、《沈阳市一刻钟便民生活圈服务设施设置标准》（以下简称《标准》）、《沈阳市一刻钟便民生活圈建设导则》（以下简称《导则》）等文件，规范引导生活圈建设，确保一刻钟便民生活圈建设高标准、高质量。制定了《沈阳市加快发展流通促进商业消费的若干政策措施》，对便民生活圈八大类 22 个建设项目给予政策支持，包括便利店连锁化、品牌化经营、老字号企业发展、惠民零售末端建设等。

2022 年 12 月 6 日，沈阳市人民政府发布《沈阳市"十四五"城乡社区服务体系建设规划》，践行"两邻"理念，推动基本公共服务资源向城乡下沉，强化就业、教育、医疗、养老、托育、助残、济困、文化等公共服务供给，促进城乡基本公共服务均等化。加快完善社区服务体系，增强服务供给，补齐服务短板，创新服务机制，让"老百姓的事有人管，管得有条有理管到位；老百姓的苦有人问，问寒问暖问到家"，打造有爱、有善、有暖、有伴的幸福社区。

2023 年，沈阳市印发《沈阳市完整社区建设试点工作实施方案》，制定《沈阳市完整社区试点 6+5+X 工作标准》，结合城镇老旧小区改造、养老托育设施建设等，聚焦为民、便民、安民服务，积极推进完整社区试点建设工作，有效解决试点建设中的难点、堵点、痛点问题。

2024 年，辽宁省商务厅、省发改委等 13 个部门联合印发了《全省推进城市一刻钟便民生活圈建设三年行动工作方案》，提出实施社区商业业态清单化管理。并推动多业态融合发展，实现养老托育圈、文化休闲圈、快递服务圈等圈圈相融、圈圈相扣。推动电商企业进驻社区，对便民生活圈进行数字化赋能，重点配置无人机值守便利店、智能快递柜等智能化设施。

1.2　一刻钟便民生活圈的建设要求

一刻钟便民生活圈的建设分为"先试点、再推广"两阶段，首先发布指导性文件，在全国范围内选取建设试点开展建设工作，总结成功经验，聚焦一刻钟便民生活圈建设过程中存在的共性问题，提出指导性建议。并在有条件的地级以上城市全面推进一刻钟便民生活圈的建设，进行全国范围内的推广。

1.2.1　政策试点阶段

2021 年，商务部、住建部等 12 部门联合印发《关于推进城市一刻钟便民生活圈建设的意见》(以下简称《意见》)以及《城市一刻钟便民生活圈建设指南》(以下简称《指南》)等文件，拟在全国范围内开展城市一刻钟便民生活圈建设试点，并发布指导性政策文件，保障各地便民生活圈建设试点工作顺利开展。

《意见》主要从科学优化布局、补齐设施短板、丰富商业业态、壮大市场主体、创新服务能力、引导规范经营等方面明确工作任务。为保障任务落地实施，提出加强组织领导、强化政策保障、优化营商环境、夯实工作基础等政策措施。

《指南》则针对基本概念、业态分类、发展模式等方面给出明确指导。要求到 2025 年，通过打造"百城千圈"，建设一批布局合理、业态齐全、功能完善、智慧便捷、规范有序、服务优质、商居和谐的城市便民生活圈，使便利化、标准化、智慧化、品质化水平全面提升，试点区域居民满意度达到 90% 以上。

1）建设要求

问需于民、优先补齐短板。优先满足居民最关心、最迫切、最现实的生活需求，兼顾不同群体需求，结合城乡社区服务体系建设、城镇老旧小区改造等，推动便民商业设施进社区，打通"最后一公里"。

分类建设、科学优化布局。根据城镇老旧小区、新建居住区、城乡接合部小区需求与建设情况不同，因地制宜地补齐商业设施短板或优化调整业态组合，提升服务水平。优先选择地理位置优越、交通便利、人流相对集中的区域布局商业设施，确保居民步行 15 分钟可到达。

合理配置、明确建设模式。设施建设包括组团式或集聚式、街坊式或街区式、分布式或分散式等模式，根据历史沿革、地理条件、发展基础等灵活布局。

2）实施重点

加强组织领导，规范市场经营。发挥政府引导、市场主导作用，鼓励实行市长（区长）负责制，加强顶层设计，加大政策扶持力度。发挥商协会作用，鼓励制定相关标准，规范商户经营和服务行为。并引入市场主体参与投资建设运营，实现整体规划、统一招商、统一运营、规范管理。对于涉及公共利益、市场失灵或微利薄利的业态，如便利店、菜市场等，政府应协调推动，提供政策支持和财政补贴。

坚持系统观念，坚持因地制宜。处理好整体与局部、发展与环境的关系，推动便民生活圈商业网点科学布局。实现商业设施与公共设施联动，商业运营与社区治理贯通，业态发展与居民需求匹配。聚焦补短板、堵漏洞、强弱项，推动设施配套化、服务多元化，满足不同群体的消费需求，提升居民消费体验。

创新服务能力，丰富多元业态。增强服务便利，鼓励"一店多能"，搭载多项便民服务项目，鼓励商业与物业、消费与生活、居家与社区等场景融合，推动商居和谐。在优先配齐基本保障类业态的前提下，发展品质提升类业态，推广成熟模式，引导差异化、特色化经营。

统筹建设实施，提升"四化"水平。一是提升便利化程度。优化商业网点布局，确保居民能够就近便捷消费，满足基本生活需求。二是推进标准化建设。制定并实施便民生活圈商业设施建设、运营、服务和管理的地方标准，确保商业设施配置和服务供给规范有序。三是提高智慧化水平。推广新技术、新业态、新模式在便民生活圈的应用，促进线上线下深度融合，加快数字化转型。四是提升品质化生活。加强品牌连锁和特色化建设，丰富商品和服务供给，改善设施环境，促进传统消费升级，服务和体验消费比重不断扩大。

1.2.2 推广实施阶段

2023年7月，商务部等13部门办公厅（室）联合印发的《全面推进城市一刻钟便民生活圈建设三年行动计划（2023—2025）》（以下简称《计划》）提出，到2025年，在全国有条件的地级以上城市全面推开，推动多种类型的一刻钟便民生活圈建设，形成布局合理、业态齐全、功能完善、服务优质、智慧高效、快捷便利、规范有序、商居和谐的便民生活圈。居民综合满意度达到90%以上，服务便利化、标准化、智慧化、品质化水平进一步提升，对恢复和扩大消费的支撑作用更加明显。

1）建设要求

"问需于民、问计于民"的建设方针。以习近平新时代中国特色社会主义思想为指导，践行以人民为中心的发展思想，坚持"问需于民、问计于民""缺什么、补什么""因城施策、一圈一策"的原则。

"补齐基本、品质提升"的建设原则。聚焦补齐基本保障类业态、发展品质提升类业态，优化社区商业网点布局，改善社区消费条件，创新社区消费场景，提升居民生活品质。

2）实施重点

系统谋划设计，强化公众参与机制。推广社区规划师制度，支持设计师进社区，并将一刻钟便民生活圈纳入街道社区的居民议事协商机制，形成由公众参与的"一圈一策"建设方案。

发展小微业态，注重"一老一小"。重点发展"一店一早"，支持品牌连锁便利店（社区超市）进社区，构建多层次早餐供应体系。补齐"一菜一修"，支持菜市场（菜店）标准化、智慧化改造，规范有序发展集修鞋、配钥匙等"小修小补"于一体的社区工坊。服务"一老一小"，鼓励按照适老化标准建设改造社区养老服务设施，探索发展社区食堂，建立老年人助餐服务网络，发展嵌入式、标准化的托育机构和托育点。

实现部门合力，推进服务品质提升。推动一刻钟便民生活圈与养老托育圈、文化休闲圈、健康健身圈、金融服务圈、快递服务圈等圈圈相融，实现部门合力，营造多元化、多层次的消费场景，推动生活圈服务品质的快速提升。

推动技术赋能，提升智慧便捷水平。鼓励利用物联网、云计算、大数据、人工智能等技术，推动数字化服务与智能化设施，提供现场交互、无接触交易、智能结算等服务。搭建一刻钟便民生活圈智慧服务平台，整合商户资源，实现线上线下互动，利用大数据精准补建网点，拓展服务功能。

第 2 章　一刻钟便民生活圈建设理论与实践

2.1　理论发展溯源

　　"生活圈"的概念是在汲取了"邻里单元""新城市主义"等西方城市规划与社区发展理论精髓的基础上，结合中国独特的国情、社会文化背景及居民的实际需求，逐步演变和发展起来的一种理念。这一理念的核心目标在于构建一个更加人性化、便捷化、便民化的生活环境，旨在提升居民的生活品质与幸福感。

2.1.1　欧美理论的缘起

1）"邻里单元"理念

　　"生活圈"这一理念的根源可以回溯到 1929 年由美国著名建筑师佩里所提出的"邻里单元"概念。在那个时代，汽车作为新兴交通工具迅速流行，给城市原有的空间结构带来了翻天覆地的变化。正是基于此背景，佩里创新性地提出了"邻里单元"这一新的城市居住区规划理念，以此作为对当时被视为"非人性化"的城市美化运动的深刻反思。佩里所倡导的"邻里单元"，是以人性化为核心，通过巧妙而适宜的尺度设计，力求构建一种充满文化认同感与强烈归属感的社区关系。他将"邻里单元"定义为居住区的基础构成部分，旨在推动居住区规划建设的统一性与规范性。佩里特别强调，每一个"邻里单元"都应以外部道路为边界，内部则形成独立的道路网络。同时，这一单元内应完备地配备居民日常生活所必需的公共设施、开阔的活动空间以及商业设施。值得一提的是，他提出以小学的服务范围作为划定"邻里单元"的基本尺度。"邻里单元"理论不仅在英国的新城运动、美国的新城开发中得到了广泛的实践应用，更在全球范围内对城市社区规划设计产生了深远的影响（图2-1）。

2）"新城市主义"社区开发理念

大约 20 世纪 70 年代，美国学者开始深刻反思郊区化趋势以及现代主义思潮所带来的种种问题。他们在邻里单元理念、城市美化运动以及紧凑城市理论的基础上，进一步提炼并倡导了"新城市主义"的理念。

新城市主义中，社区成为一个至关重要的理论和实践焦点。其中，安德雷斯·杜安伊和兹伊贝克夫妇二人以及彼得·卡尔索普分别提出了两种极具创新性和代表性的社区开发模式。前者提出了"以传统邻里为开发导向的开发模式"（TND），后者则倡导"以公共交通为向导的开发模式"（TOD）（图 2-2）。

在这两种模式下构建的新城市主义社区，均致力于打造一个宜人的步

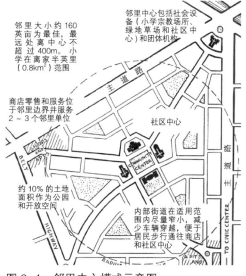

图 2-1　邻里中心模式示意图

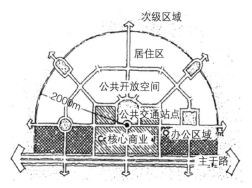

图 2-2　TOD 模式开发示意图

行环境，拥有紧凑的空间布局和丰富多彩的公共空间，这与美国传统的郊区化社区形成了鲜明对比。至于两者之间的区别，TND 模式侧重于打造一个标志性的社区中心，而 TOD 模式则更注重以公共交通站点为核心，结合周边高强度、多功能的开发区域。

3）欧美 15 分钟城市研究

近年来，欧美学界受法国社会学家阿舍尔的"时间城市主义"理论启发，为应对汽车带来的交通拥堵、长距离通勤以及环境污染等问题，提出了"15 分钟城市"或"20 分钟城市"的崭新概念。这一理念致力于构建一个城市规划模式，使人们能够在离家步行或骑行 15 分钟内满足所有日常需求，并享受高品质的生活。它涵盖了生活、工作、购物、医疗保健、教育以及娱乐等六大社会功能，旨在减少对汽车和长途通勤的过度依赖，同时提升城市各区域的可达性，进而显著提高城市居民的整体生活质量。

随着重大公共卫生事件在全球爆发，欧洲各大城市和规划界开始将"15 分钟城市"理念视为应对疫情对居民生活造成冲击的重要策略。特别是巴黎市长安妮·伊达尔戈将这一理念作为自己竞选的核心政纲之一，并在成功连任后积极推动相关政策的实施。如今，伦敦、米兰、墨尔本等城市也在广泛实践这一先进理念。

值得注意的是，"15 分钟城市"与亚洲国家所倡导的生活圈概念存在一定的差异。生活圈主要侧重于公共服务和基础设施的完善与优化，而"15 分钟城市"则更加系统化，它不仅是对现有城市服务的改进，更是对全新城市空间布局模式的一种深入探索与实践。

"邻里单元"强调自给自足的空间布局，"新城市主义"注重紧凑混合的社区与步行友好，"15 分钟城市"将时间与空间尺度相结合。生活圈理论融合这些特色，形成注重空间均衡、时间优化与资源公平配置的理论框架。

2.1.2　亚洲生活圈研究

生活圈这一理念，在亚洲其实源自日本的规划实践，并逐渐在亚洲地区如韩国、中国等国家传播开来。在 20 世纪 50 ～ 60 年代，为了应对城市化进程中出现的发展不均衡和环境污染等问题，日本政府在《农村生活环境整备计划》中，首次明确地提出了生活圈的概念。在 1965 年和 1969 年，日本政府通过两版《全国综合开发计划》进一步细化了这一概念，旨在通过构建城市化生活圈，优化国土利用并改善居住环境。随着时间的推移，生活圈的概念逐渐从宏观的"广域市町村圈"转变为更贴近日常生活的"地方生活圈"和"定住圈"。

这一理念的核心在于以人的活动需求为主导，根据日常生活的需求来划定所需的空间范围，以此作为规划的基本单元。通过这种方式，可以更有效地引导和分散人口与经济活动，从而实现更为均衡的发展。这种理念对韩国和中国台湾地区的区域与住区规划产生了深远影响。在韩国，社区被划分为三个级别的生活圈，每个级别都有其特定的服务半径和人口规模。而台湾地区借鉴了日本的"地方生活圈"概念，对城市进行了分级，并将当地居民的经济社会生活所需的基础设施纳入整体规划，从而显著提升了居民的生活质量。

在实践过程中，生活圈理念还根据不同的生活需求，衍生出了多种时空尺度的变体，例如 15 分钟生活圈、1 小时生活圈、1 日生活圈以及 1 周生活圈等。这些变体更加灵活地适应了人们多样化的生活方式和需求。

2.1.3　中国生活圈研究与建设

在 20 世纪 80 ～ 90 年代，生活圈这一概念被引入中国，并很快得到了学者们的关注。陈青慧、熊薇等学者巧妙地运用生活圈理念，对城市生活质量进行了深入的评价研究。同时，柴彦威、袁家冬等学者则将该理念应用于城市空间结构的探索中，他们根据生活圈的特性，将城市划分为多个不同类型的空间系统，并结合居民的行为模式和需求，对公共服务配置进行了详尽的探讨。这些研究在国内逐渐引发了广泛的关注。

近年来，随着我国城市发展模式逐渐向集约式、内涵式转变，生活圈概念，尤其是"15分钟生活圈"的理念，越来越受到政府部门的重视，被视为社区服务配套设施规划的关键理念。2016年，上海市率先实施了15分钟社区生活圈的实践项目，其后，广州、济南、长沙、厦门、成都等城市也纷纷效仿，开展了相关的实践活动。

到了2018年，住建部颁布的《城市居住区规划设计标准》GB 50180—2018，标志了中央政府部门的文件明确将生活圈作为重要内容。随后，自然资源部、商务部等多个部门也相继出台了与生活圈相关的政策文件。至此，"一刻钟生活圈"已逐渐成为我国在社区层面提升居民生活服务质量的重要手段之一（表2-1）。

生活圈相关的政策文件 表2-1

时间	部门	文件名称	主要内容
2018年	住建部	《城市居住区规划设计标准》GB 50180—2018	将生活圈作为居住区分级的标准，并以此作为保障居住生活宜居适度的重要举措
2020年	住建部等13部门	《住房和城乡建设部等部门关于开展城市居住社区建设补短板行动的意见》	提出居住社区是城市居民生活和城市治理的基本单元，将建设设施完善、安全健康的完整居住社区作为工作主要目标
2020年	自然资源部	《市级国土空间总体规划编制指南（试行）》	明确社区生活圈应作为完善城乡服务功能的基本单元
2021年	自然资源部	《社区生活圈规划技术指南》TD/T 1062—2021	作为规范指导全国社区生活圈规划工作的行业标准，明确相关设施配置要求
2021年	商务部等12部门	《商务部等12部门关于推进城市一刻钟便民生活圈建设的意见》	提出将建设一刻钟生活圈作为满足居民日常生活基本消费和品质消费的抓手

2.2　相关概念认知

2.2.1　一刻钟便民生活圈概念

一刻钟便民生活圈是以社区居民为服务对象，服务半径为步行 15 分钟左右的范围内，以满足居民日常生活基本消费和品质消费为目标，以多业态集聚形成的社区商圈。

此外，住建部、自然资源部也提出了生活圈概念。

15 分钟生活圈居住区（住建部提出）是以居民步行 15 分钟可满足其物质与文化生活需求为原则划分的居住区范围。

社区生活圈（自然资源部提出）是在适宜的日常步行范围内，满足城乡居民全生命周期工作与生活等各类需求的基本单元，融合"宜业、宜居、宜游、宜养、宜学"多元功能，引领面向未来、健康低碳的美好生活方式。

2.2.2　一刻钟便民生活圈内涵

"以人为本"是一刻钟便民生活圈的核心理念。一刻钟便民生活圈建设目标是满足居民日常生活需求，是对传统以物质空间为中心规划思想的反思，是对城市理想单元模式的一次有益探索。一刻钟生活圈除了要满足居住、消费、教育、医疗、休闲娱乐等基础社区服务及配套设施外，随着人民生活需求的日益多元化，社区生活圈还需要能够满足居民对个人发展、亲近自然、培养兴趣等方面的个性化需求。

构建一刻钟便民生活圈的核心目标，在于提升城市品质，重塑城市空间，使之更加契合现代居民对高品质生活的向往与追求。在当前城市更新过程中，融入生活圈的创新理念，成为激活低效用地与闲置空间的关键点，利用此类资源，构建起一套完善的生活配套设施与消费服务体系，不仅弥补了历史发展遗留的空白与不足，而且引领城市功能向更加均衡、多元的方向发展。此外，通过构建配套服务网络与缩短出行半径，有效提升了城市空间的综合利用率与混合度，促进城市功能的有机融合，推动城市去中心化趋势的加速发展，重塑一个更加开放、包容、高效的城市空间结构。

2.3 各地区实践经验

2021—2023 年，全国分三批次遴选并确立了一刻钟便民生活圈试点城市。这些城市跨越不同发展阶段与地域特色，展现出丰富多样的建设风貌，每座城市均根据自身特点，打造独具一格的便民生活圈，不仅提升了居民生活质量，也彰显了城市治理的智慧与温度。

2.3.1 首批试点城市

首批试点城市的工作特点主要聚焦在现状的摸底调查、建设标准的制定、相关专项规划以及实施方案的制定等方面，旨在实现一刻钟便民生活圈功能的全覆盖，并探索智慧化赋能的工作路径。

1）北京市——以评促建，高标准推进便民生活圈建设

北京市以"提高生活性服务业品质，努力把北京建设成为国际一流的和谐宜居之都"为指引，认真贯彻落实商务部有关便民生活圈的政策要求。将便民生活圈纳入《北京市商业消费空间布局专项规划》，作为全市四级商业消费空间体系第四级"社区级"，一体化构筑多层次商业格局。锚定 2025 年全市便民生活圈全覆盖目标，按照"一次划定、分年建设、实施评价"思路，制定便民生活圈划分标准，指导各区因地制宜、科学合理划定本区便民生活圈。

以生活便利性和居民满意度为核心，制定了便民生活圈评价体系，从需求和供给两个方面,围绕满意度、建设能力、智慧服务能力等三个维度构建"3+8+18"三级指标。制定《一刻钟便民生活圈评估验收指引(试行)》,设定合格、良好、优秀三级建设标准,明确"街道建设、区级初评、市级验收"工作流程。

2)河北省唐山市——突出因地制宜,分类施策差异化建设

河北省唐山市提出,根据社区发展基础和居民差异化需求,实施一圈一策,分类推进便民生活圈建设。一是聚焦核心商圈,提升商业品质,打造商业中心型便民生活圈。依托商业中心将便民生活圈建设同智慧零售、夜间经济、促消费工作紧密融合,引入特色品牌连锁企业,拓展夜购、夜宵、夜娱等消费服务,开展精彩纷呈的夜经济活动,打造业态丰富、品牌汇集、特色鲜明的便民生活圈。二是聚焦文化特色,推进步行街建设,打造街巷型便民生活圈。出台《唐山市推进特色商业步行街建设的意见》,推动建设特色步行街和旅游休闲街区,"以条带面"持续完善城市商业体系,激发社区商业活力,打造文化底蕴深厚、环境舒适、消费便捷的特色街巷型便民生活圈。三是聚焦智慧便捷,推动智能设施进社区,打造智慧化便民生活圈。为推动政务服务、民生服务下沉,让居民在家门口享受 24 小时便利服务,设立"社区一站式共享大厅",为居民提供自助快递、自助缴费、自助政务等诸多服务。建设智慧社区食堂,设置刷脸扫码App、点餐一体机、炒菜机、机器人、人脸智能吐盘机等智能设备。引导商超开展网络购物配送到家服务,让社区居民足不出户就能买到心仪的商品。

3)上海市长宁区——以城市更新为契机,推进多方联动

上海市长宁区将便民生活圈建设与城市更新三年行动计划、美丽街区建设三年行动计划、民生实事项目、创新社区治理"一街一品"项目等工作相结合,形成优势互补、功能互通的有机体。相关企业两年来陆续在全区各街镇牵头建设数十个"九华邻居里"社区商业点。江苏街道打造"美好生活服务中心",汇聚修鞋、开锁、裁衣、家电维修等惠民举措,倡导便民场所共享、资源共用。

推进"城市更新"改造，成功打造 ART 愚园生活美学街区、静雅武夷美丽街区等社区商街，建成幸福里、上生新所等网红地标。

4）江苏省南京市——顺势而为，消费提质与服务扩容齐头并进

江苏省南京市着力打造与居民消费习惯、消费升级等相适应的消费场景，扩充"一老一小""小修小补"等服务内容，优化社区功能布局，丰富居民生活体验。一是便利消费，为社区商业添活力。玄武区唱经楼社区打造"嗨客市集"，为社区居民提供高品质夜生活体验；秦淮区在试点社区举办社区年货节、老字号年货节、消费节便民市集等系列活动，拉动社区便民消费；鼓楼区南秀村社区延续"来吧！鼓楼"消费品牌IP，创新增进互动与促进消费的社区新场景。二是守护"朝夕"，"一老一小"全友好。玄武区香铺营农贸市场利用闲置空间设立"自习小课桌"，为经营商户子女提供课后假期学习环境；建邺区、高新区开设公建公办托育园与"四点半课堂"，推进"长者食堂"银发助餐点建设；栖霞区吴边社区着力打造"时间银行"志愿服务品牌，为老年群体提供家政、护理、交流、代办、维修等服务。三是创新改造，空间利用再提升。建邺区将多处空置小屋升级改造为流动书屋、暖心驿站、网格阵地等便民场所；鼓楼区龙江邻里中心等农贸市场完成智慧化升级改造，打造成集生活市集、美食购物、休闲娱乐、生活服务、儿童托管于一体的社区型商业综合体；栖霞区汇虹园社区建设"便民服务亭"，采用定点不定人服务模式，引进磨刀、修伞、配钥、缝补等多种微利性民生服务业态。

2.3.2 第二批试点城市

第二批试点城市在汲取首批试点城市工作经验的基础上，探索在市场化运营与品牌化效应等方面的工作路径，部分城市还积极探索以社区集体经济打造和运营管理便民生活圈的发展模式。

1）吉林省长春市——突出区域特色，服务百姓需求

吉林省长春市编制《长春市城市商业网点规划》，制定《长春市一刻钟便民生活圈建设试点实施方案》，计划到 2025 年完成试点建设任务，引领带动全市社区商业扩容提质。

建立由市商务局牵头，发改委、规划、民政、市场监管等 14 个部门参与建设的"1+14"部门联创机制，构建市、区、街道、社区 4 级联管模式，整合多方资源，为社区管理组织持续赋能。立足需求导向，摸查社区商业分布、便民设施基础等信息，将"问题清单"转化为"建设清单"。多渠道调研居民生活消费、品质消费等需求信息，将"需求清单"转化为"服务清单"。立足区域实际，分析区域特点，深挖文化、旅游等特色资源，按照"一圈一策"打造不同特色生活圈。立足智慧赋能，利用数字化手段，搭建市、区两级数智平台，建设"一刻钟便民生活圈大数据"，动态监测商业网点，通过数字赋能、线上线下融合，提升便民生活圈服务能力。

2）四川省南充市——高标准培育，市场主体"多元化"

四川省南充市一是突出本土服务特色。支持"好又多""家乐福""美宜佳"等品牌连锁便利店开设新店，搭载各类便民生活服务项目，设置社区前置仓等，实现 15 分钟内商品配送到家，提升居民消费体验。二是打造本土服务品牌。支持"乐贝家""鸿运来""果城月嫂"等本地品牌企业发展连锁便利店，支持本地餐饮连锁企业布局各大商圈，培育提升本地优质消费品牌。三是发展本土品质业态。因地制宜发展社区教育、医疗、健身和文化旅游等品质提升类业态，不断满足人民生活新需求。

3）贵州省毕节市——实施"助企促发展"行动，强化主体培育

贵州省毕节市坚持便民、利民、惠民原则，引导实力强、管理先进的民营企业、国有企业参与便民生活圈建设、运营、管理，通过输出品牌、标准、管理和服务等方式，带动生活圈市场主体向品牌化、标准化、精细化发展。加大社区商业连锁品牌企业招引力度，鼓励大型零售企业开拓社区市场，同时鼓励社会经营主体加盟经营国内外餐饮品牌，着力提升社区商圈品质。

4）云南省曲靖市——发展集体经济，探索运营管理新模式

云南省曲靖市在追求便民服务、消费便利的同时，将发展社区集体经济、促进居民增收、带动居民就业作为重点，积极探索以社区集体经济打造和运营管理便民生活圈的发展模式。沾益区由社区整合收储闲置土地，坚持"市场设施＋公共设施＋休闲设施"统筹开发、整体提升的思路，标准化改造农贸市场6个，打造特色商圈4个。官坡社区引入优质企业对老旧专业市场和周边居民的自建房进行改造升级。龙潭社区打造集户外小花园、幸福食堂、儿童之家、健身活动室、日间照料室、心理咨询室、健康小屋于一体的社区邻里中心，做好"一老一小"服务保障。鼓楼社区整合收储原潇湘商业街临街商铺，以"休闲美食街、文化体验区、健康生活旅游地、曲靖夜间经济河滨经济新名片"为目标定位，着力打造樵楼夜市特色步行街区，重现曲靖老城"古八景"的繁华。

2.3.3 第三批试点城市

在前两批重点工作的基础上，第三批试点的部分城市探索出政企合作的工作路径，政府把握方向、提供指导；企业提供技术支撑、整合资源，精准布点、补点，保证生活圈建设的科学性、合理性。此外，部分省份积极推广，构建国家、省两级试点，全面推广生活圈建设。

1）黑龙江省哈尔滨市——政企合作，积极推广

黑龙江省哈尔滨市在市商务局指导下，相关科技企业开发出了"哈尔滨市生活服务业网点动态地图"，该地图汇集了哈尔滨市试点便民圈内基本便民服务网点，涵盖蔬菜零售、便利店、早餐、家政服务、美容美发等 16 个民生服务业态。该地图还展示了社区商业服务业供给指数、消费指数、便利指数等数据，为商务部门对社区商业规划管理提供了依据。

此外，黑龙江省已实现便民生活圈试点城市全省地级市层面的全覆盖，全省现有包括黑河、齐齐哈尔、牡丹江、佳木斯、伊春、大庆、七台河、哈尔滨在内的国家级试点 8 个，并确定了鸡西、双鸭山、绥化、大兴安岭地区、鹤岗 5 个地级市作为省级试点。

2）浙江省杭州市——完善标准体系，培育运营主体

完善标准体系。牵头制定全国首个未来社区商业省级标准《未来社区商业建设及运营规范》DB33/T 2357—2021，加强培育未来社区商业标杆项目，总结推广社区商业创新典型，优化社区商业布局，增强社区商业供给，在高质量发展中深入开展便民生活圈建设，扎实推动共同富裕。

培育运营主体。支持社区商业整体规划、统一招商、统一运营、规范管理，鼓励行业龙头企业、连锁企业独立注册或股份合作成立公司，输出品牌、标准、管理和服务。支持菜市场、生鲜超市（菜店）标准化改造，加强供应链管理和业务拓展，实行标准化、连锁化经营。印发《杭州市商务局关于公布首批便民生活圈建设企业名单的通知》，鼓励建设企业创新经营模式，完善配送网络，搭建智慧平台，开展精准服务，以更好地满足社区居民个性化和多样化的消费需求。

3）广东省深圳市——鼓励服务创新，大力支持新业态、新品牌、新模式进社区

支持新业态、新品牌进社区。推动老字号、深圳手信等优质特色品牌产品进入社区商业中心、超市、便利店等，提升社区商品供应品质。鼓励知名品牌首店、新兴茶咖品牌等进入社区开设门店，丰富社区消费体验，满足年轻化消费需求。鼓励打造社区夜间集市，丰富深圳夜间消费新场景。

引导服务模式创新。鼓励"一店多能"，搭载代扣代缴、代收代发、上门服务、租赁仓储、取货等项目，通过跨界经营提高便民服务能力。发展无接触交易、智能结算、网订店取（送）、直播带货、即时零售等创新模式，支持品牌连锁企业完善门店的前置仓和配送功能，推动线上线下结合、店配宅配融合、末端共同配送及店仓配一体化运营。鼓励品牌连锁便利店、餐饮店视情延长经营时间，有条件的可 24 小时经营，服务夜间消费。鼓励商户根据居民多样化、个性化消费需求，创新经营品类，延伸服务链条，提供定制化服务。鼓励开展以便民生活圈为核心的促消费活动，提振社区消费活力。推动数字人民币在社区消费的普及和应用。

第 3 章　沈阳一刻钟便民生活圈规划建设概况

3.1　沈阳市生活服务业空间演进过程

在 2021 年商务部联合 12 个部委发布的指导意见中，正式提出了"一刻钟便民生活圈"的概念。该概念基于空间行为学的视角，关注人的慢行空间尺度，以此来衡量城市公共服务资源的分级配置和绩效评估，从而反映城市基础空间单元与居民实际生活的互动关系。探索"一刻钟便民生活圈"的演进轨迹，换言之就是要了解城市生活服务业的发展历程。这一过程不仅记录了生活服务行业的逐步成熟与多元化，也展现了城市如何不断优化资源配置，以满足居民日益增长的生活需求，最终实现便捷、高效、宜居的城市便民生活圈。

城市生活服务业的空间演变是一个复杂的过程，从宏观的角度来说，生活服务业演变过程既受外部环境因素及城市发展阶段的影响，同时也受自身因素的作用。各影响因素在不同驱动机制的相互作用下推动生活服务业空间布局的演变，形成功能凸显、空间各异的生活服务业集群。

沈阳市的生活服务业的演变过程可以概括为三个阶段，由产业集聚获得更高收益的中心高度集中阶段，演变到因受到劳动力成本攀升、土地价格激增、交通拥堵加剧等因素影响的分散发展阶段，最后随着城市发展稳固到多中心组团式阶段。

3.1.1　中心高度集中阶段

从区域发展或产业发展的脉络来看，一个区域的繁荣发展并不是一蹴而就地全面铺开，而是依托一个或几个关键节点的崛起，这些节点发挥引擎作用，带动整个区域发展。沈阳市的生活服务业发展正是遵循这种规律，1979 年的沈阳市总体规划显示，服务业用地在整体上布局零散，整个城市缺少引领性的大型生活服务业机构，这在一定程度上限制了服务业的发展。

1992 年，在中共中央、国务院《关于加快发展第三产业的决定》政策的支持下，沈阳市生活服务业开始得到快速发展。这一政策不仅彰显了国家对发展服务业的高度重视，更为地方政府提供了明确的方向和动力。沈阳，作为东北地区的重要经济枢纽，紧抓这一历史性的发展机遇，迅速调整战略部署，全力推进服务业的快速发展。在这一背景下，沈阳利用其得天独厚的地理位置和经济基础，精心布局，打造了太原街、中街、北行三大商业片区，而这就是以片区商业中心为主的"综合商场型"便民生活圈的前身。这些商业设施具有行业业态齐全、商业服务完善的特点，能够全面满足居民生活需求。这些区域迅速崛起为城市的服务业高地，成为市民日常生活的中心舞台。通过这一系列的举措，沈阳市的服务业用地形成了集中布局、带动发展的空间结构，不仅提升了城市的整体服务功能，更促进了服务业内部的良性竞争与协同发展。

1996 年的沈阳市总体规划显示生活服务业用地开始集中布局，不仅提高了土地利用效率，更通过大型服务业机构的集聚效应，激发了市场的活力与创造力。企业间的竞争与合作并存，共同推动了生活服务业的持续优化与升级，为沈阳市的经济发展注入了新的动力与活力（图 3-1）。

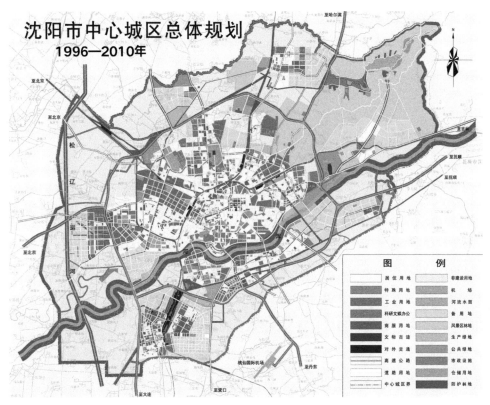

图 3-1　沈阳市中心城区总体规划（1996—2010 年）

3.1.2　分散发展阶段

沈阳市生活服务业在经历中心高度集聚的快速发展后，随着集聚程度的不断提升，遭遇了一系列因过度集聚而引发的外部经济负面效应。这些效应包括劳动力成本攀升、土地价格激增、交通拥堵加剧以及原材料与能源成本的上升，它们共同导致了产业竞争力的削弱和利润空间的压缩。在此背景下，生活服务业的重新布局成为必然趋势，开始向区位条件更为优越的区域进行自然扩散，这一初期的扩散过程呈现出一定的无序性。

这一发展逻辑与沈阳市乃至更广泛城市区域的发展脉络相契合，即在中心城区资源趋于饱和后，产业活动自然而然地向外围新区扩散。并且随着互联网技术的飞速发展，为在城区边缘地带建立大型互联网企业仓库提供了可能，从而进一步促进了向新城外围发展的动力，旨在通过缩短物流距离来降低运输成本，实现资源的高效配置与利用。

3.1.3 多中心组团式阶段

随着沈阳市生活服务业的持续演进，众多机构在外迁过程中，充分利用外围区域便捷的交通网络，特别是在交通节点上形成了新的集聚态势，逐渐构建起次级现代服务业集聚中心，这些中心不仅产业集聚，而且功能配套完善。与此同时，城市中心区域土地资源的稀缺性与地价攀升，加之公共交通体系的日益完善与私家车的普及，共同推动了城市发展重心的向外迁移。在 2009 年，沈阳市一环内新建住宅项目已显稀缺，多数新建楼盘向二环、三环乃至三环外拓展，体现出住宅郊区化趋势的加速。交通条件的优化作为生活服务业集聚区功能发挥的关键支撑，要求城市发展必须重视交通资源的科学规划与整合。以浑南长青板块为例，依托地铁 9 号、10 号线交通优势，形成以欧亚长青城为主的生活服务板块，这也就是目前较为常见的，以覆盖新建居住区为目的的"邻里中心型"便民生活圈。这种邻里中心模式按照区位特征、人口规模、周边配套情况确定能级，涵盖娱乐、医疗、教培等多元商业，同时涵盖全面的基础生活服务功能，如今欧亚长青城已经成为浑南区内重要的生活服务集聚中心之一。

2020 年的沈阳总体城市设计中规划了"一核九心多片区"的公共服务中心体系。各服务中心遵循"以人为本、服务居民、政府引导、市场化运作"的原则，以社区疾病预防、康复、医疗、教育、文化、体育、科普、养老、储蓄、邮政为重点，完善生活服务业基本服务体系，建设区域服务中心。各区根据区域资源、发展基础、主导产业均提出具有地区针对性的生活服务业规划方案，重点发展消费性服务业，加快文化创意类现代服务业，互动发展，形成良性循环带动区域发展。各区依据自身资源禀赋、发展基础及主导产业特点，制定了具有针对

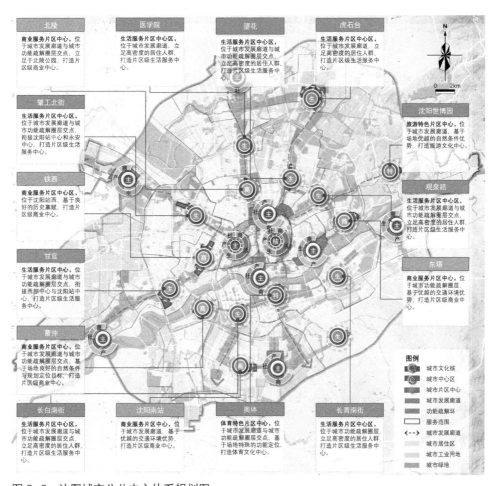

图 3-2　沈阳城市公共中心体系规划图

性的生活服务业发展规划，重点发展消费性服务业，加速文化创意类现代服务业的成长，通过产业间的互动发展，形成良性循环，有力推动了区域经济的全面进步（图 3-2）。

　　至此，沈阳市的生活服务业最终形成了多中心、多组团模式，能够为城市各个片区提供服务设施的均衡供给，这与一刻钟便民生活圈的内核相吻合，也为接下来沈阳市生活圈的布局规划提供了基础。

3.2 沈阳一刻钟便民生活圈规划建设的工作历程

自 2021 年 9 月起至今，沈阳市全面推进一刻钟便民生活圈的建设工作。从国家试点申报、组织规划编制、实施行动方案、试点实施评估等方面展开具体建设工作。

3.2.1 申报国家试点

中共中央作出《关于坚持和完善中国特色社会主义制度推进国家治理体系和治理能力现代化若干重大问题的决定》，其中明确要求"健全社区管理和服务机制，在保障群众基本生活的同时，满足人民多层次多样化需求。全面建成小康社会也有一些短板，必须加快补上"。随后，商务部联合有关部委出台了《关于推进城市一刻钟便民生活圈建设的意见》，意见要求"坚持以人民为中心的发展思想，按照试点先行、以点带面、逐步推开的思路，建立部、省、市、区、街道联动机制，以城市为实施主体，充分调动地方积极性，推动科学优化布局、补齐设施短板、丰富商业业态、壮大市场主体、创新服务能力、引导规范经营，提高服务便利化、标准化、智慧化、品质化水平，将便民生活圈打造成为促进形成强大国内市场、服务保障民生、推动便利消费及扩大就业的重要平台和载体"。

城市一刻钟便民生活圈试点申报工作在全国范围内展开，沈阳市于 2021 年 10 月成功入选首批试点城市。在试点申报方案中，从全市整体视角出发，细化至各行政区划，对城市生活服务业的业态发展进行了全面而细致的梳理，保证对现状业态情况的全面性和系统性，并且分析了存在的问题，主要包括设施布局不均衡、业态功能不完善、品牌连锁程度低、智能水平有待提高、公服融合不紧密等。基于城市生活服务业存在的问题，沈阳市政府以市内九区为主体，在市政府统筹领导下，实行区长负责制，建立市、区、街道三级联动机制。采取"老旧小区补基本业态，重品质提升；新建居住区配基本业态，促品质提升；

城乡接合部小区保基本业态，带品质提升"的策略，制定工作方案，明确任务
内容、责任分工和进度安排。以试点探圈、推广布圈、特征定圈、设施补圈、
服务入圈、企业建圈、政策惠圈、百姓扩圈作为八大工作方法，明确试点建设
任务、建设计划、建设安排等。

3.2.2　组织规划编制

沈阳市作为全国首批城市一刻钟便民生活圈建设试点城市，被赋予了引领
城市生活品质升级、促进消费新生态构建的重要使命。同时体现了沈阳市在推
动城市治理现代化、增强居民幸福感方面的积极努力与显著成效，也预示着沈
阳即将开启一场以居民需求为核心，融合智慧化、便捷化、人文化元素的生活
圈建设新篇章。试点申报成功后，沈阳市商务局会同相关部门组织实施全市一
刻钟便民生活圈建设工作，同步开启规划编制，主要包括"一规划一标准一导则"。

《专项规划》以全面深入的社区特征分析及问题诊断为基础，充分考虑居
住空间的多样性和复杂性，科学划定生活圈布局，力求实现服务设施均衡覆盖、
高效利用。通过精细化规划，旨在构建一个集购物、餐饮、文化、休闲、健康、
教育等多功能于一体的综合服务体系，让居民在家门口就能享受到高品质、便
捷化的生活服务。

为确保规划落地有声、执行有力，《标准》应运而生。这一标准严格遵循
国家及行业规范，结合沈阳实际，明确了各类服务设施的具体内容、规模指标
和配置要求，为生活圈建设提供了权威、可操作的指南。它不仅保障了服务设
施的标准化、规范化建设，还促进了资源的优化配置和高效利用，为居民带来
了更加统一、优质的服务体验。

同时，《导则》的制定，进一步细化了生活圈的空间布局、建设模式和管
理机制。导则强调以人为本、因地制宜的原则，针对老旧小区、新建居住区和
城乡接合部小区的不同特点，提出了差异化的空间发展形态和服务设施供给策

略。这不仅有助于解决不同区域、不同群体面临的特殊需求问题，还推动了生活圈建设的多元化、特色化发展。

在实施过程中，沈阳市还注重运用大数据、云计算等现代信息技术手段，提升生活圈的智慧化水平。通过构建智慧服务平台、推广智能服务终端等方式，实现服务信息的精准推送、服务资源的优化配置和服务过程的便捷高效。此外，沈阳市还积极鼓励社会资本参与生活圈建设，形成政府引导、市场主导、社会参与的共建共享格局，为生活圈的持续健康发展注入了强大动力。

3.2.3 实施行动方案

沈阳市政府深入总结试点经验，结合最新政策与工作要求，依托专项规划与导则，按照"两年试点，三年推广"，计划五年共计打造 100 个便民生活圈，结合实际分类推进百圈建设工程。

在选圈过程中，沈阳市政府尤为注重多维度的融合与协调，确保每一个便民生活圈的规划都能与居住商业的愿景规划相契合，精准对接城市人口分布特征，深度融入城市规划的核心板块，并与城市更新改造项目及两邻示范标杆社区的建设紧密衔接。同时，充分利用城市街路更新改造的契机，进一步优化生活圈周边的交通网络与环境风貌。此外，沈阳市政府还明确提出以"标准圈"为基础，以"品质圈"为引领，双轮驱动，协同推进高品质一刻钟便民生活圈的建设，力求在提升服务设施标准化水平的同时，注重文化内涵与品质生活的塑造，为居民提供更加舒适、便捷、富有特色的生活空间。这一系列举措不仅将极大地丰富沈阳市民的日常生活体验，也将为城市的可持续发展注入新的活力与动力。

3.2.4 开展试点评估

沈阳市基于《沈阳市一刻钟便民生活圈建设验收标准》，对首批和第二批试点便民生活圈进行建设实施验收考评。包括组织召开现场经验交流会，推广典型先进经验；对创建验收的便民生活圈进行授牌；组织媒体深入社区开展宣传报道。

同时，沈阳市为确保一刻钟便民生活圈建设的稳步推进与品质提升，创新性地构建了"达标＋挂牌"双轨考评体系。该体系以"达标"为基础，围绕便民生活圈建设的核心要素，如顶层设计、组织实施、政策保障、营商环境及建设成效，设立五类评价指标，确保所有考评对象均能达到基本标准，筑牢建设底线。同时，"挂牌"机制则鼓励各生活圈在人文魅力、适老康养、青年友好、稚龄成长、生态宜居、智慧治理等特色场景上自主申报，追求创新与突破，以此推动沈阳市生活圈建设的多元化与特色化发展。此考评体系不仅保障了建设过程的稳定性与科学性，还激发了各生活圈的内在动力与创造力，促进了整体品质的提升。在两年试点与三年推广的不同阶段，考评对象涵盖试点及实施计划中的一刻钟便民生活圈，以确保考评工作的全面覆盖与持续进行。

3.3　沈阳一刻钟便民生活圈规划建设的创新特色

沈阳在以一刻钟便民生活圈为载体提升城市生活品质方面的创新探索与实践具有三大创新特色，即构建全链条的规划体系、建立全周期的工作机制以及探索全方位的技术赋能。

3.3.1　构建全链条的规划体系

沈阳市围绕一刻钟便民生活圈的规划建设构建了"总体规划战略引领，一个专项规划指导，两部建设规范约束，N 个实施方案落地"的规划体系。

1）总体规划战略引领

《辽宁省国土空间规划》《沈阳市国土空间总体规划》作为统筹地方发展、实施空间治理的战略性文件，提出打造以人为本的高品质生活空间的战略目标，以生活圈为载体促进城乡生活的内涵式完善。《沈阳市国民经济和社会发展规划第十四个五年规划》作为指导经济和社会发展的纲领性文件，提出加快发展高品质生活性服务业，叫响沈阳服务品牌的发展目标。《沈阳市商业网点发展规划》作为商业网点建设和发展的指导性文件，明确了提高社区商业服务便利化、标准化、智慧化、品质化水平的总体要求。总体规划为推进一刻钟便民生活圈规划建设明确了目标和方向。

2）一个专项规划指导

《专项规划》作为指导性文件，对沈阳市一刻钟便民生活圈的建设进行了全面、系统、科学的规划。该规划明确了现状评估、总体思路、圈界划定、分阶引导、设施配置、业态提升、空间供给、考核评估、行动计划等内容，为具体实施提供了依据和路径。通过专项规划，沈阳市实现了对便民生活圈建设的精准定位和精细布局，确保了各项建设工作的有序推进和高效实施。

3）两部建设规范约束

《标准》和《导则》作为两部重要的标准规范，对便民生活圈的建设进行了约束和引导。其中，《标准》明确了服务设施的设置原则、分类、数量、布局等具体要求，为服务设施的配置提供了标准化指导；《导则》则对生活圈的建设目标、空间模式、设施布局、场景建设、行动实施等提出了引导要求，为生活圈建设提供具体的操作指引。这两部规范的制定和实施，有效保障了便民生活圈建设的质量。

4）N个实施方案落地

在总体规划、专项规划和标准规范的指导下，沈阳市各试点生活圈结合实际情况，因地制宜地编制了实施方案。实施方案通过深入调研和摸底排查，厘清了社区内现有的服务设施情况和居民的实际需求，明确了"有什么、缺什么"以及"补什么、如何补"的问题。通过制定针对性的建设方案和实施计划，"一圈一策"，把居民的需求清单转化为项目清单，确保了便民生活圈建设的精准落地和有效实施（图 3-3）。

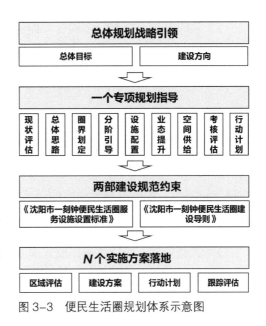

图 3-3　便民生活圈规划体系示意图

3.3.2　建立全周期的工作机制

在沈阳一刻钟便民生活圈的规划建设中，建立全周期的工作机制是保障高标准推进便民生活圈建设的关键。这一工作机制涵盖了规划编制、项目实施、运营维护、监督考核等多个环节，形成了闭环管理，确保了便民生活圈建设的持续性和有效性。

1）党建引领，打造两邻社区民生服务品牌

强化党建引领，打造两邻社区服务品牌，提升公益服务水平，加强社区党群服务中心建设，推动社区做好志愿服务、居家照顾、紧急援助等服务保障。充分发挥党建引领作用，组建街区党建联盟，在街道、社区党组织领导下，联合业委会、物业、商家等，整合各方资源，补齐便民服务业态。

2）共同缔造，多部门协同管理促进共建共治

沈阳市政府高度重视一刻钟便民生活圈的建设工作，成立了由多个部门组成的联合工作组，明确各部门的职责分工，形成了多部门协同管理的良好局面。这一机制确保了各部门在规划、建设、运营等各个环节中的紧密配合与高效协作。例如，在规划编制阶段，街道社区负责居民需求调研与分析，商务部门负责业态配置与商业布局规划，规划部门则负责空间布局与土地利用规划等。通过多部门协同工作，实现了规划内容的全面覆盖与无缝衔接。

3）试点先行，项目化运作模式推动落地见效

沈阳为落实"两年试点，三年推广"的要求，在推动一刻钟便民生活圈试点建设过程中，实行项目化管理。这一模式明确了项目责任主体、时间节点、质量标准等关键要素，确保了项目的有序推进和高效实施。在具体操作中，试点社区通过编制实施方案，形成定位、定界、定量的建设任务体系和实施项目库。明确了项目目标、建设内容、投资规模、资金来源、建设周期等关键内容。同时，还建立了项目跟踪与评估机制，对项目进展情况进行定期监测与评估，确保项目按计划顺利推进。

4）以评促建，多层次考评体系激发创建活力

为了确保一刻钟便民生活圈建设的质量和效果，建立了"满半年中期评估、满一年完工验收"的动态监测机制，增强规划实施的动态适应性。通过制定"达标+挂牌"相结合的实施验收评价指标体系，对建设项目的实施情况、服务质量、运营效率等方面进行量化评估。评估结果将作为政府补贴、政策扶持等激励措施的重要依据。同时，对于表现突出的试点社区给予表彰和奖励；对于存在问题的试点社区则及时督促其整改并追究相关责任。这种考评验收与激励机制的建立有效激发了各方参与建设的积极性和创造性。

3.3.3　探索全方位的技术赋能

沈阳充分利用现代信息技术手段，为一刻钟便民生活圈建设提供全方位的技术支持，包括集成多项新技术辅助规划建设和搭建动态地图实现高效便民服务。

1）技术集成辅助规划建设

为精准识别并补建缺失业态，提升服务品质，应用调研软件、空间分析、微信程序和数据模型等技术手段，辅助便民生活圈设施数据采集、缺口识别、公众参与和规划决策。

应用调研软件高效采集数据，摸清"有什么"。在便民生活圈现状设施样本数据采集工作中，沈阳市商务局组织首批试点生活圈应用调研软件辅助现场摸查服务设施的具体位置、规模、类型、经营状况等信息。通过梳理调研设施类型和属性信息，配置数据收集标准化表单。组织调研工作培训会，确保采集数据的质量。

采用空间分析精准识别缺口，研判"缺什么"。在全市便民生活圈建设情况评估工作中，从设施可获性和便于实施管理出发，提出"社区—居住小区"两级单元统计分析框架，采用移动搜索法构建便民生活圈社区商业设施配置缺口评估模型。应用评估模型识别全市整体建设水平、短板区域和缺失的业态类型，支撑专项规划和各生活圈实施方案编制、设施配置调整优化等工作。

开发微信程序增强公众参与，感知"补什么"。为切实了解圈内居民群众的生活需求，精准补建缺失业态，提升服务品质，沈阳市商务局组织相关技术单位设计开发沈城便民生活圈小程序。配置公众参与功能模块，为公众表达设施需求和生活圈建设提案提供一个反馈渠道，实现规划设计、建设实施、运营管理、验收评估等阶段的全过程公众参与。

设计数据模型支持规划决策，研究"如何补"。基于设施 POI 数据、道路网络、土地利用、手机信令等多源数据，应用机器学习算法与位置分配模型，依托 ArcGIS 平台构建设施选址模型，可辅助支持规划布局决策。

2）动态地图实现高效便民服务

为更好地满足市民日常需求，推出"便民生活圈地图"小程序，汇集了便利店、早餐店、生鲜超市等便民网点，整合商户资源，实现线上线下互动，引导更多点位"进图"，让居民"找得到"。小程序提供快捷搜索与定位导航、邻里帮忙、商户入驻与共建等功能模块，实现了更加高效的便民服务。

同时强化"便民生活圈地图"数字赋能，从供给、消费等维度对全市便民生活圈的建设情况，进行大数据动态监测分析，指导各区精准补建、改造提升便民商业网点。

第 4 章 沈阳一刻钟便民生活圈规划建设体系构建

4.1 总体规划引领

《辽宁省国土空间规划（2021—2035 年）》《沈阳市国土空间总体规划（2021—2035 年）》《沈阳市国民经济和社会发展第十四个五年规划和二〇三五年远景目标纲要》及《沈阳市商业网点发展规划（2021—2035 年）》等省级和市级的总体规划作为全局性、战略性、纲领性文件，明确了当前和今后一个时期生活圈建设的战略重点、主攻方向和推进策略。

4.1.1 省、市级国土空间总体规划

《辽宁省国土空间规划（2021—2035 年）》提出打造高品质城镇生活空间的战略目标。具体实施措施包括构建"国家级—区域级—地区级—县（市）级—乡镇级"五级公共服务中心体系，形成公共服务圈层；基于公共服务圈层，统筹优化重要民生设施布局，满足居民基本生活需求，提高城镇居民生活空间品质；注重"一老一幼"的服务需求，以补齐老人和儿童设施为核心，打造全龄友好型生活圈。

在《沈阳市国土空间总体规划》中，从目标战略、空间布局、空间供给、实施传导四个方面，对生活圈提出要求：

一是在目标战略方面，提出以人为本的品质提升战略。践行"与邻为善、以邻为伴"理念，聚焦为民、便民、安民，提升城市功能品质、生态品质、文化品质、服务品质，有序推进城市更新，构建全覆盖、均等化的城乡生活圈。

二是在空间布局方面，在中心城区构建"城市级—地区级—片区级—社区级"公共服务中心体系。其中社区级公共服务中心按照步行15分钟可达的标准，完善15分钟生活圈基本公共服务设施配置，保障社区嵌入式服务设施空间供给。通过合并设置、开放共享等方式，引导文化、教育、医疗、体育、养老、消防、社区服务、商业和公共空间等公共服务设施集中布局，形成具有凝聚力的社区中心。

三是在空间供给方面，强调在城市更新领域开展生活圈规划建设实践，通过盘活存量空间保障民生服务空间供给。满足残疾人、老年人、儿童等弱势群体需求，保障适老化和适儿化改造、儿童友好城市社区建设的空间需求。提升舒心就业、幸福教育、健康沈阳、品质养老等民生服务的空间保障，支持社区就业服务平台、社区托幼托管及继续教育、社区诊疗、社区养老和居家养老服务中心等设施建设。

四是在实施传导方面，明确专项规划传导约束，建立特定领域和特定区域专项规划体系。将《专项规划》列入重点专项规划编制清单。生活圈规划属于涉及空间利用、侧重于服务设施补短板的专项规划，与交通规划、市政规划等在同一位阶，但在不同层级具有不同的精度。便民生活圈专项规划需要基于沈阳居民的日常生活需求，确定社区商业等服务设施的配置标准与布局要求，统筹全市便民生活圈有序实施。

4.1.2 经济和社会、行业发展规划

《沈阳市国民经济和社会发展第十四个五年规划和二〇三五年远景目标纲

要》明确提出加快发展高品质生活性服务业，通过培育服务名牌、大力发展本地品牌、加强服务标准化建设三项举措促进生活服务业提质增量，推动商业便民利民发展。

一是培育服务名牌。建立生活服务业品牌培育发展机制，大力推进品牌创建，培育发展一批在行业中具有一定知名度和美誉度的服务名牌企业。建立市级品牌培育库，分层次推进梯次培育，对入库企业进行培育孵化，引导品牌做大做强。

二是大力发展本地品牌。积极发挥传统名店、老字号等品牌价值和影响力，推动企业传承，提升产品制作技艺和服务技能，增强消费者文化认同感和品牌忠诚度。挖掘、培育老字号品牌，创新经营理念和模式，提升老字号知名度和影响力。搭建品牌展示平台，实施"一品一策一方案"推广计划，宣传沈阳品牌，推动沈阳品牌走向全国、走出国门。

三是加强服务标准化建设。推进全市生活服务业标准化，建立健全养老、托育、文化、体育、家政、餐饮、教育培训等业态的服务标准。积极鼓励龙头企业及行业协会承担国家、行业标准制订工作，提高现代服务业标准的技术水平和市场适用程度。

在《沈阳市商业网点发展规划》中，围绕提高社区商业服务便利化、标准化、智慧化、品质化水平提出发展要求。

一是在便利化和标准化方面，提出"推进社区商业标准化，保障民生商业"的发展策略。以便民、利民为宗旨，加强便民商业服务设施建设，实现城乡基本公共服务标准化、均等化。完善民生型商业网点布局，优先保障菜市场等生活必备性商业用地需求，推动生活服务业连锁化、品牌化、规范化发展，推进电子商务进社区，打造 5 ~ 15 分钟日常生活服务圈，提升便民型商业和配送服务功能，提高城乡宜居水平。

二是在智慧化和品质化方面，提出创新社区服务商贸业态，加快新技术、新理念渗透到社区生活服务领域，充分满足百姓日益增长的美好生活需求，促进便民生活服务圈覆盖率快速增长，服务品质极大提高，服务内容全面完善。

4.2 专项规划指导

沈阳确定为全国首批城市一刻钟便民生活圈建设试点之后,市政府组织实施全市一刻钟便民生活圈建设工作,同步启动《专项规划》等的编制工作,完善生活圈顶层设计,统筹指导全市生活圈全覆盖工作。

《专项规划》在全面调查基础上,明确了圈界划定、分阶引导、业态配置、空间布局、建设路径、实施管理等内容,为具体实施提供了详尽的依据和路径。

4.2.1 现状评估

通过整合百度 POI 和沈阳市多规合一"一张蓝图"各类专项规划设施数据,构建沈阳一刻钟便民生活圈基础数据库,包括设施名称、分类和空间位置信息,用于分析全市层面服务设施空间布局水平。以数据库为基础采集前进、北市场、城东湖三个街道的 906 条便民服务设施样本数据,包括设施名称、类型、位置、设施规模、运营时间等信息,用于分析服务设施建设质量。同时基于第三方平台向市民发放 15374 份问卷了解居民需求,并对首批试点地区进行走访调研和座谈。通过系统评估,总结沈阳市便民生活圈规划建设主要面临区域发展差异大、业态功能不完善、设施融合不紧密、设施供需不匹配等挑战。

1)人口设施紧联系,区域发展显差异

人口密度由中心向外围圈层式递减,网点密度也随环路层级递减。人口与商业网点分布在空间上高度耦合,在城乡接合部区域实现便民生活圈 100% 覆盖,需要结合人群流向逐步实现(图 4-1)。

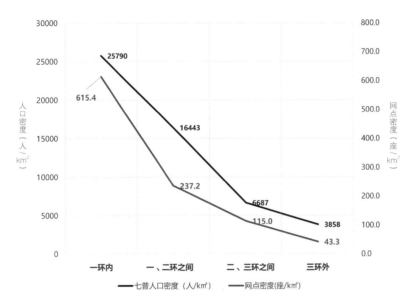

图 4-1　人口密度和网点密度分析图

数据来源：沈阳市第七次全国人口普查数据，2022 年沈阳市商业网点数据

2）业态功能不完善，连锁化率有待提升

利用 ArcGIS 空间分析技术，以居民的居住地为中心，统计 1km 范围内可到达的基本保障类业态类型数量。分析结果显示，基本保障类业态功能不完善的居住小区占 50%。从空间分布来看，二环内基本保障业态功能较完善，二环、三环之间则一般，三环外除苏家屯老城区、虎石台、道义等组团，普遍存在缺项。家政服务、照相文印、洗染店、维修点等社区微利薄利业态服务覆盖率低于 60%，发展活力不足；同时品牌连锁店比例偏低，难以满足居民高品质生活需求（图 4-2、图 4-3）。

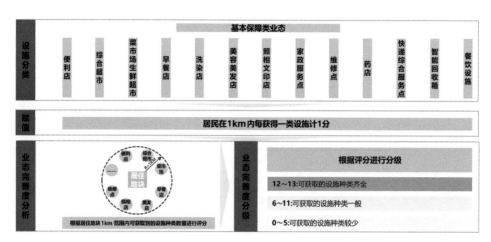

图 4-2 基本保障类业态齐全度分析方法

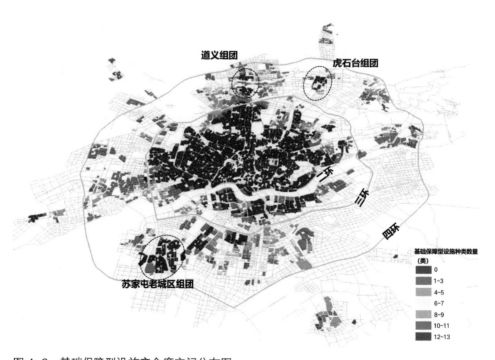

图 4-3 基础保障型设施齐全度空间分布图

数据来源：基于 2022 年百度地图 POI 数据整理的沈阳市商业网点数据

3）设施融合不紧密，智慧服务低效率

居民对大型商场、培训教育点和生鲜超市需求最高；"一店多能"网点设置数量、使用效率较低，居民对社区商业设施消费环境改造和服务升级需求强烈。智能化水平有待提高，智能设施普及率不高，新业态新技术新模式发展不平衡不充分（图4-4）。

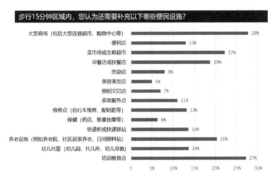
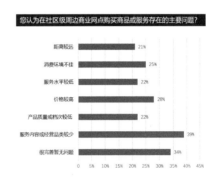

图 4-4　问卷调查社区居民的便民生活圈服务需求情况

4）老龄服务低供给，青年人才难吸引

老年人口增长加速，老龄服务需求逐步增大，但养老服务低供给与高需求失衡。青年人才正在流失，设施供给结构与青年需求结构错配，难以满足高端人才的品质化需求（图4-5）。

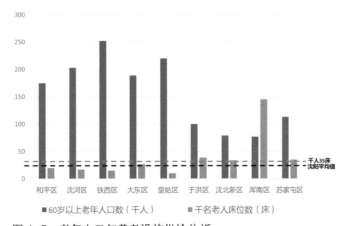

图 4-5　老年人口与养老设施供给分析

4.2.2　总体思路

"十四五"期间，为贯彻落实便民生活圈建设"两年试点，三年推广"的要求，以沈阳市内九区为主体，在市政府统筹领导下，实行区长负责制，建立市、区、街道三级联动机制，制定工作方案，明确任务内容、责任分工和进度安排。

按照试点先行、以点带面、逐步推开的思路，两年试点建设不低于 50 个一刻钟便民生活圈，三年推广期间实现中心城区便民生活圈 100% 覆盖。构建社区商业网点科学布局，商业设施与公共设施联动，商业运营与社区治理贯通，业态发展与居民需求匹配的生活圈新格局。

通过便民生活圈的建设推广，着力提升社区商圈的便利化、标准化、智慧化、品质化水平，将便民生活圈打造成为促进形成强大国内市场、服务保障民生、推动便利消费及扩大就业的重要平台和载体。

4.2.3　总体目标

便民生活圈建设总体目标是，"十四五"期间建设一批布局合理、业态齐全、功能完善、智慧便捷、规范有序、服务优质、商居和谐的一刻钟便民生活圈。中心城区便民生活圈 100% 覆盖；居民满意度 90% 以上；连锁店占比 40% 以上。

4.2.4　规划内容

围绕便民生活圈试点建设工作的实际需要，在建设方向、业态配置、空间布局、建设路径、实施管理等方面探索便民生活圈专项规划编制的新方法和新路径。在传统社区规划的基础上，一方面强调以居民步行可达的空间范围为尺度，根据居民日常生活需求配足配优各类服务要素。另一方面，注重从战略目标到行动落实的一体衔接，强调面向不同发展阶段的社区提出差异化的建设方向和业态指引，社区可根据自身需求选择业态配置和建设模式，提供一定弹性灵活的实施幅度。基于此提出分阶段分类推进建设、标准化叠加特色场景、渐进式服务提升策略、多元化服务提升路径、多层次考评驱动实施五大规划策略。

1）划圈：分阶段分类推进建设

围绕 2025 年实现中心城区便民生活圈全覆盖目标，按照"一次划定、分阶引导、渐进提质"的思路，制定一刻钟便民生活圈空间单元的划分标准以确定圈数，构建评价指标体系识别便民生活圈所处的发展阶段来指导建设。

（1）划定一刻钟便民生活圈空间单元

首先，梳理影响因素，确定划分原则。一刻钟便民生活圈空间单元的划分对于加强设施统筹配置、落实设施建设责权具有重要的意义。影响便民生活圈划定的因素有边界要素和规模要素。边界要素包括行政管理边界、用地边界、道路、河流等，规模要素包括服务人口、用地规模、步行半径。

综合《社区生活圈规划技术指南》《城市居住区规划设计标准》《社区商业设施设置与功能要求》等相关规范，结合沈阳实际确定一刻钟便民生活圈的步行半径为 800 ~ 1000m，服务人口 5 万 ~ 10 万人，面积范围宜在 2 ~ 5km^2（表4-1）。

生活圈划定原则

表 4-1

划分原则	影响要素类型	影响因子	具体要素
管理定责：生活圈边界社区等管理边界衔接	边界要素	行政管理界线	行政区、街道、社区
安全定界：按出行安全和便利的原则，尽量避免城市主干路、河流、山体、铁路对生活圈造成分割，保证空间的相对完整性		规划管理体系	用地布局、用地边界线
		人工地理要素	铁路、快速路、立交桥、城市主干路等
		自然地理要素	河流、湖泊、山体等

续表

划分原则	影响要素类型	影响因子	具体要素
服务定员	规模要素	服务人口	5 万 ~ 10 万人
用地定量		用地规模	2 ~ 5km²
步行定时		步行半径	800 ~ 1000m（步行 15 分钟可达）

从落实设施建设权责角度，便民生活圈划分边界需充分衔接行政管理体系。从统筹设施配置角度，便民生活圈划分规模需要综合考虑服务人口规模和步行时空可达性。因此确定一刻钟便民生活圈空间单元划分的五定原则，即管理定责，安全定界、服务定员、用地定量、步行定时。

其次，将五定原则转译为可操作的划分方法。统筹考虑边界和规模要素，将五定原则转译为划定底图、初步划分、规模核算、圈界修正四步走的技术路线。

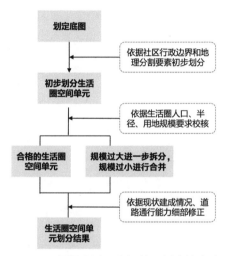

图 4-6　便民生活圈空间单元划分技术路线图

第一步划定底图：将圈界划分涉及的要素利用 ArcGIS 平台进行空间叠加，包括街道、社区边界、控规规划用地、铁路、高速公路、人口等，形成划定底图。

第二步初步划分：处理边界要素，聚焦居住生活集中成片的区域，以社区行政管理边界为基础，综合分析铁路、高速路、河流、大型绿化带等分割影响，初步划定生活圈范围。

第三步规模核算：对初步划定的生活圈单元进行规模校核，核算服务人口、步行半径、用地规模是否适宜，过大的进行拆分，过小的进行合并。

第四步圈界修正：结合现状建成情况、通行能力、未来发展弹性等因素，进行圈界细部修正（图4-6）。

最后，形成一刻钟便民生活圈划定方案。基于五定原则和划分方法，形成全市一刻钟便民生活圈划分方案共 1062 个，支撑两年试点、三年推广期间按比例有序推进（图 4-7）。

（2）便民生活圈发展分阶划定方案

首先，界定便民生活圈三个发展阶段的内涵。便民生活圈建设是社区商

图 4-7　沈阳市中心城区一刻钟便民生活圈划分图

业随着城市建设和人口不断集聚而渐进式完善的过程。第一阶段是新建社区随着人口陆续集聚，社区商业发展的培育阶段。在这个阶段，社区人口稀少且购买能力有限，社区商业网点数量少、密度低，业态类型不全，布局零星分散。此阶段需要政府扶持类公益性、生活性服务业态的供给，保障居民的基本生活服务需求。第二阶段是人口及网点密度均较高，社区商业发展的成熟阶段。在这个阶段，社区商业网点数量多、密度高，业态类型丰富，街坊式或集中式布局，能够满足居民就近便捷消费的基本需要。此阶段主要由市场调节各类生活性服务业态的供需关系。第三阶段是社区商业发展成熟后进入高品质建设阶段。在这个阶段，功能业态完备，商业设施配置规范有序，服务供给更加丰富优质，品牌连锁和特色化建设不断增强。

其次，构建便民生活圈发展阶段评价体系。便民生活圈建设逐渐从低阶向高阶演变，其发展阶段评价体系是指导试点建设工作的重要依据，是识别便民生活圈发展阶段和建设成效的重要测量手段。

基于便民生活圈三个发展阶段的内涵与特征，按照业态齐全、功能完善、服务优质、人民满意等目标导向，构建多因素评价指标体系。第一步，依据基本保障类业态配置是否齐全和社区商业网点密度来初步分型，将网点密度低于 100 座 /km² 且基本保障类业态少于 10 种的划分为培育圈；基本保障类业态类型大于 10 种少于 15 种的划分为标准圈；基本保障类业态配置齐全的划分为品质圈。第二步，针对初步分型确定的标准圈和品质圈进行最终分型评价：将基本保障类业态配置齐全，居民满意度达 90% 以上，且品质提升类业态达 8 种以上的划分为品质圈，否则划分为标准圈（表 4-2）。

便民生活圈发展阶段评价指标体系　　　　　　表 4-2

评价类别	评价指标	指标内涵	划分依据	数据计算及来源
初步分型	便民商业网点密度	便民生活圈内单位土地面积上的便民商业网点数量	（1）网点密度低于 100 座 /km² 且基本保障类业态类型数量少于 10 种的划为培育圈；（2）基本保障类业态类型数量多于 10 种少于 15 种的划为标准圈；（3）基本保障类业态类型数量为 15 种的划为品质圈	便民商业网点密度（座 /km²）= 网点数（座）/ 面积（km²）。数据来源于百度 POI 设施数据
	基本保障类业态齐全度	便民生活圈内基本保障类业态的类型数量		根据便民生活圈服务设施配置标准清单确定的 15 种基本保障类业态统计其类型数量。数据来源于百度 POI 设施数据
最终分型	社区居民满意度	居民对社区商业服务的便利化、标准化、智慧化、品质化等方面的满意度	针对初步分型确定的标准圈和品质圈，进行最终分型评价：①满意度达到 90% 以上，且品质提升类业态类型数量多于 8 种的最终确定为品质圈；②满意度低于 90% 或品质提升类业态类型数量少于 8 种的最终确定为标准圈	数据来源于电子问卷调查，从业态、服务等方面测评，样本不少于本生活圈服务人口的 10%
	品质提升类业态丰富度	便民生活圈内品质提升类业态的类型数量		根据便民生活圈服务设施配置标准清单确定的 10 品质提升类业态统计其类型数量。数据来源于百度 POI 设施数据

最后，形成一刻钟便民生活圈发展分阶划定方案。以全市便民生活圈划分方案为基础，基于便民生活圈发展阶段评价体系开展评估，形成沈阳市便民生活圈发展分阶划定方案，其中培育圈共 290 个，标准圈 531 个，品质圈 241 个（表 4-3、图 4-8）。

沈阳市各区便民生活圈数量统计表（单位：个）　　表4-3

行政区	培育圈	标准圈	品质圈	小计
和平区	19	39	43	101
沈河区	12	59	37	108
铁西区	46	93	19	158
大东区	25	60	24	109
皇姑区	12	62	27	101
浑南区	49	71	43	163
于洪区	69	69	14	152
沈北新区	35	40	20	95
苏家屯区	23	38	14	75
总计	290	531	241	1062

2）设施：标准化叠加特色场景

（1）完善标准清单

统筹国家标准和行业规范，落实《意见》《指南》要求，将服务要素分为便民商业服务设施和基本公共服务设施，按照需求程度分为"基本保障"和"品质提升"两大类设施，提出设施类型和服务半径要求，指导设施布局实现便民设施全覆盖的目标（表4-4）。

图 4-8　沈阳市中心城区便民生活圈发展分阶划定方案

便民生活圈服务设施配置标准清单   表 4-4

类别		序号	设施名称	服务半径（m）
基本保障类	便民商业服务设施	1	便利店	300
		2	综合超市或超市	1000
		3	菜市场	500
		4	生鲜超市（菜店）	500
		5	早餐店（早餐车）	600
		6	维修点	1000
		7	洗染店	500
		8	美容美发店	500
		9	照相文印店	800
		10	药店	300
		11	家政服务点	1000
		12	邮政快递综合服务点	500
		13	智能回收点	500
		14	餐饮设施	600
	基本公共服务设施	15	社区党群服务中心（站）	1000
		16	幼儿园	300
		17	社区养老服务设施（养老服务站）	300
		18	社区卫生服务中心（站）	1000
		19	综合文化活动中心（综合文化站）	1000
		20	公共绿地	1000
品质提升类	便民商业服务设施	1	新式书店	1000
		2	运动健身房	800
		3	特色餐饮店	600
		4	托育机构	300
		5	儿童托管机构	300
		6	保健养生店	1000
		7	培训教育点	1000
		8	蛋糕烘焙店	1000
		9	旅游服务点	1000

续表

类别	序号	设施名称	服务半径（m）
品质提升类 便民商业服务设施	10	鲜花礼品店	1000
	11	茶艺咖啡店	500
	12	宠物服务站	1000
	13	银行营业网点	1000
	14	幸福长者食堂	1000
基本公共服务设施	15	城市书房（书屋）、文化驿站	1000
	16	体育场（馆）或全民健身中心	1000
	17	多功能运动场地	1000

（2）推出服务场景

为应对便民生活圈多元化的发展需求，提出以打造服务场景为导向的特色化设施配置指引，由社区或市场结合实际情况灵活配置。服务场景是未来社区发展目标愿景的体现。结合沈阳市两邻社区四大民生品牌（舒心就业、幸福教育、健康沈阳、品质养老），提出"人文魅力、生态宜居、智慧治理、适老康养、青年友好、稚龄成长"六大特色场景，在标准清单基础上，针对不同场景制定特色设施与服务引导（表4-5）。

六大特色场景营造指引　　　　表4-5

特色场景	适用社区	特色设施	特色服务
人文魅力场景	具有历史、文化特色等人文特色的生活圈	文化展示馆 文创工坊/文创市集 城市书房	结合社区历史人文、地理环境、改造历程等实际，培育"一社一品"的邻里文化，打造一种特色社区文化。提供文化体验、展示及艺术课堂、创意活动等特色服务
生态宜居场景	具有滨水临园等明显生态特点的生活圈	社区公园 生态慢道 生态技术展示馆 科普示范基地	优化社区景观环境，加强"小游园""微景观"建设，提供休闲体验、运动健身、生态科普等场所

续表

特色场景	适用社区	特色设施	特色服务
智慧治理场景	—	24 小时无人值守便利店智能便利设施（如智能回收箱、智能快递柜、智能冷冻柜、自助售货机等）便民生活圈智慧服务平台	开发建设便民生活圈智慧服务平台（小程序或 App）等智慧社区信息系统，整合政府及当地商户等服务资源，提供更为便捷的智能化服务，拉近商圈与社区居民之间的距离，并提升周边社区居民的消费体验
适老康养场景	老龄化程度高的生活圈	老年大学（社区学校）老年食堂（社区食堂）综合为老服务中心	提供老年人生活照料、精神慰藉、健康管理、医疗护理、文体娱乐、紧急援助等服务。老年人活动空间的适老化改造比例达到 80%。开设绿色通道，为老年人提供一对一帮办服务
青年友好场景	青年人口比例较高的生活圈	青年之家（青年服务中心）特色游园青年潮流特色街区	为青年群体提供公益性的社区服务，包括就业创业、公益志愿、共享交流、婚恋交友、文化讲堂、学习阅读等，提供青年社区参与的平台。响应青年群体潮流消费需求，提供体验式、沉浸式的购物、健身、娱乐消费场景
稚龄成长场景	—	幸福教育课堂儿童之家托育服务设施儿童游乐场	为婴幼儿提供安全可靠的照护服务；向儿童及家庭提供游戏娱乐、亲子阅读、课后托管、家庭教育指导、主题实践活动等服务。充分利用游园、口袋公园等增设儿童游乐场地，为儿童交流、体验自然、参与社区美化、体验社区文化等活动提供美育和自然教育场所

3）业态：渐进式服务提升策略

便民生活圈业态提升围绕"缺什么、调什么、补什么""如何调、如何补"开展工作。根据现状评估，全市层面基本保障类便民商业设施整体覆盖水平较高，但药店、家政服务、照相文印、洗染店、维修点等设施服务覆盖率不足 60%，便利性不足，难以满足居民基本生活需求。从便民生活圈的发展阶段来看，培育圈的基本保障类业态缺项较多，基础功能尚不完善。标准圈的网点数量多、业态丰富，但在基本保障类业态配置方面尚有少量缺项或覆盖盲区。品质圈的基本保障类业态完备，提升类业态丰富。规划应立足便民生活圈发展阶段，准确聚焦重点问题，明确阶段目标任务，制定业态提升的规划策略。

培育圈的建设重点是保基本业态，带品质提升。一方面，优先补足"一老一小，一菜一修、一店一早"等设施，满足居民日常生活必备的业态需求并合理布局，再逐步配置品质提升类业态。另一方面，通过土地出让前评估，将便民生活圈服务设施要求纳入规划条件，在拟出让地块中落实。

标准圈的建设重点是补基本业态，重品质提升。一方面，通过现状评估识别基本保障类便民服务设施类型缺项和服务范围空间覆盖盲区，制定配建清单形成项目库，结合城市更新等工作逐项足额地精准补齐设施短板，形成布局合理、业态齐全、功能完善的便民生活圈。另一方面，在补充完善基本保障类业态的同时，需着重发展品质提升类业态，通过问卷调查、居民访谈、大数据分析等手段摸清需求，使业态供给与需求匹配，满足居民休闲、健康、社交、娱乐、购物等个性化、多样化、特色化的更高层次的消费需求。

品质圈的建设重点是促品质提升，强辐射能力，提升智慧化水平。通过打造"一站式"的社区商业中心，增强服务品质和特色，提升辐射带动能力，发挥示范引领作用。打造布局合理、业态齐全、功能完善、规范有序、智慧便捷、服务优质、商居和谐的高品质便民生活圈。

4）引导：多元化空间供给策略

空间布局的基本原则是保障社区居民获得便民服务的权利公平。结合便民生活圈的三个发展阶段提出空间布局策略。

培育圈是在新建社区人口还尚未完全入住的过渡阶段，以零星分散的社区商业设施建设便民网点的分散式空间布局模式为主，其空间布局以服务均好性为原则。以打造"一店多能"便民服务网点为抓手，例如"菜市场＋餐厅＋超市""便利店＋干洗店＋快递综合服务点"等多功能店，线上线下服务融合互补，实现居民一刻钟时间半径内基本便民服务全覆盖。与此同时，还应该积极发展可移动的商业设施,利用自动售货机、早餐摊贩车、蔬菜直通车等灵活的商业设施,弥补目前社区商业空间分布不均衡的问题。

标准圈是社区商业发展成熟的阶段,以沿社区周边道路相对集中配置商业设施的街坊式空间布局模式为主,其空间布局以服务便利性为原则。充分利用沿街商铺、建筑底层空间形成界面连续、业态多元的便民服务街区。对沿街商业界面的业态、连续性、高度、宽度进行控制,打造舒适的街道空间。设置适量的休憩设施,增加街道的活动多样性,提升街道活力。

品质圈是社区商业发展成熟后进入的高品质建设阶段,以"中心+街坊式"空间布局模式为主,其特征是以一个或多个便民商业中心等综合性商业设施为核心,沿街商业网点为补充。其空间布局以提供高服务品质为原则。便民商业中心宜结合地铁站点或公交站点等枢纽空间,布局高品质服务功能,形成具有一定辐射带动能力的区域中心。位于老城区的社区由于用地条件制约,无法新建社区便民商业中心,可采用社区嵌入式服务设施或改造提升现有的菜市场打造菜场综合体。根据居民日常生活使用各类设施的频率,将超市、便利店、早餐店等使用频率高的便民服务网点沿"街坊"进行业态组合和补充。

5)监督:多层次考评驱动实施

沈阳市便民生活圈按照"两年试点、三年推广"的总体思路开展建设。围绕试点工作目标和主要任务,搭建"达标+挂牌"相结合的实施验收评价指标体系,以考评驱动便民生活圈建设实施管理。明确"街道建设、区级初评、市级验收"工作流程。

(1)评价对象

两年试点期间,针对试点便民生活圈进行建设实施及验收考核。三年推广期间,针对列入实施计划的便民生活圈进行考核。

(2)达标考核

为推动建设实施,从方案编制、业态配置、组织实施、政策保障、营商环境、建设成效等方面进行考察，总分值为 100 分。达标考核要求是试点建设的底线控制要求，所有试点应考核合格否则应予整改（表 4-6）。

达标考核指标体系

表 4-6

序号	评价指标	指标要求	分值
1	顶层设计（15分）	制定试点便民生活圈专项规划和实施方案，应科学合理，操作性强，体现因地制宜和发展特色	5
2		基础保障业态配置不少于 12 种	6
3		根据试点区域内人口结构，配建不少于 8 种品质提升业态	4
4	组织实施（20分）	建立社区责任规划师制度，加强协调，多部门共同推动，生活圈建设过程实现公众参与	5
5		通过问卷调查、社区访谈、现场摸查的方式，摸清有什么、缺什么，补什么、调什么	4
6		明确项目清单、责任分工和时间节点	4
7		建立健全制度，管理规范，督导指导，推进顺利，完成及时	4
8		其他创新做法	3
9	政策保障（20分）	落实国家现有相关政策（规划、减税、降费、金融、就业等），能够惠及生活圈经营主体和居民	8
10		出台支持政策，各部门形成政策合力	8
11		其他创新政策	4
12	营商环境（20分）	优化开办服务，简化相关手续	4
13		优化开业手续，如店铺装修和招牌设置实行备案承诺等	4
14		包容审慎监管，处罚与教育相结合	4
15		其他创新措施	8
16	建设成效（25分）	试点生活圈居民满意度达 90% 以上	6
17		试点生活圈连锁店占商业网点数量的比例达 40% 以上	6
18		补短板、带动就业、服务居民、拉动社会投资等效果良好	5
19		利用会议或培训等形式推广经验，扩大生活圈覆盖范围	4
20		利用各种手段加强工作宣传，社会反响较好	4
合计			100

（3）挂牌考核

为促进经验探索，鼓励各社区围绕特色场景差异化发展，形成具有推广价值的实践经验。围绕特色场景营造目标，从特色设施、服务内容、活动组织等方面设置特色考核指标。挂牌考核要求是鼓励社区基于人群结构、资源禀赋、居民需求等多方面因素，针对性地提供多元化、特色化的服务，具有弹性灵活的实施幅度，因此试点可一圈一策自主申报（表4-7）。

挂牌考核指标体系 表4-7

特色场景	指标要求
人文魅力场景	结合社区历史人文、地理环境、改造历程等实际，培育"一社一品"的邻里文化，打造一种特色社区文化
	每季度开展一次公益文化、民俗、艺术类节庆活动，集体文化休闲、家庭文化等娱乐服务，以社区文艺骨干为核心的专业性文化活动
生态宜居场景	优化社区景观环境，加强"小游园""微景观"项目建设，人均公园绿地不少于 $4m^2$
	组建一支社区卫生志愿服务队伍，保证社区公共卫生整洁，垃圾箱配置充分，清运及时，无暴露垃圾，多种形式宣传垃圾分类、环保主题
智慧治理场景	生活圈内设置智能快递柜、智能冷冻柜、无人值守便利店、自助售货机、自助租借充电宝等智能设施和场所
	由社区联合企业，引导便民生活圈智慧服务平台建设
适老康养场景	配置建筑面积不小于 $1000m^2$ 的综合为老服务中心，为老年人提供生活照料、精神慰藉、健康管理、医疗护理、文体娱乐、紧急援助等服务
	开设绿色通道，为老年人提供一对一帮办服务
青年友好场景	配置建筑面积不小于 $100m^2$ 的社区就业服务中心，提供政策咨询、职业指导、职业介绍、创业指导、资质办理、小额贷款申请等服务
	以下青年友好商业网点选配五种：特色餐饮、运动健身房、新式书店、蛋糕烘焙店、培训教育点、旅游服务点、保健养生店、鲜花礼品店、茶艺咖啡馆、宠物服务站
稚龄成长场景	配置建筑面积不小于 $200m^2$，为0~3岁婴幼儿提供安全可靠的托育服务设施
	根据少年儿童的生理发育特点，每季度组织一次身体各方面能力的锻炼，如跳、跑、平衡、投掷、游泳等体育活动，开展亲子活动

4.2.5　行动计划

便民生活圈建设规划采取"城市层面总体方案 + 各生活圈子方案"的"1+N"模式。基于分阶划圈方案均衡地筛选培育圈、标准圈和品质圈，形成两年试点和三年推广期间的年度实施计划。试点工作的核心任务是查遗补漏、补齐短板，以提升品质并发挥示范引领作用。为保障实施成效，实行"一圈一方案一台账"的管理方式，使目标指标化、任务清单化。各生活圈子方案遵循标准清单要求，深入调研社区现有资源和居民需求，摸清"有什么、缺什么"，研究"补什么、如何补"。结合特色场景的功能设施引导，因地制宜，合理布局商业网点，将居民的需求清单转化为具体的任务清单。基于"达标 + 挂牌"实施验收评价体系，建立"满半年中期评估、满一年完工验收"的动态监测机制，增强规划实施的动态适应性。

4.3　建设规范约束

围绕一刻钟便民生活圈建设目标引导、空间组织模式、特色场景营造、实施运营管理等内容，制定《导则》，作为行动指南和操作指南，为便民生活圈建设提供具体指导。

以商务部出台的《指南》为基础，综合养老服务圈、文化圈、体育圈等建设内容，建立便民设施清单目录，提炼出符合沈阳居民实际日常生活需求的便民生活圈建设标准，明确便民生活圈服务设施的设置原则、分类、数量和布局等具体要求，为服务设施的建设提供标准化指导。

《导则》和《标准》对一刻钟便民生活圈的建设进行了约束和规范，确保其建设质量和效果（图 4-9、图 4-10）。

图 4-9 沈阳市一刻钟便民生活圈建设导则

图 4-10 沈阳市一刻钟便民生活圈服务设施设置标准

4.3.1 确立建设导则

为更好地指导实施主体开展一刻钟便民生活圈建设，从建设原则、目标引导、设施配置、建设模式指引、分阶实施指引、场景引导和行动指引等方面制定导则，形成"一个总体目标、两类设施清单、三种空间模式、三阶发展策略、六大场景营造"的主体内容。一个总体目标指便民生活圈建设紧紧围绕"全面提升便利化、标准化、智慧化、品质化水平，满足人民日益增长的美好生活需要"的总目标。两类设施清单指根据需求层次制定基本保障类和品质提升类这两类设施配置清单，以便民商业服务为核心，健全便民生活圈设施体系。三种空间模式即集聚式、街坊式和分散式的布局模式。三阶发展策略即针对培育圈、标准圈和品质圈差异化的发展策略。六大场景营造即"人文、生态、智慧、适老、青年、稚龄"特色场景的营造指引。

1）建设原则

一是政府引导、市场主导。充分发挥政府规划引导作用，完善政策体系，加大公共资源投入。全面发挥市场在资源配置中的积极作用，鼓励各类社会主体参与投资、建设、运营，丰富便民生活圈商业服务功能，提高可持续发展能力。

二是以人为本、保障基本。贯彻以人民为中心的发展思想，优先满足居民最关心最迫切最现实的生活需求，在关注年轻人时尚消费的同时，兼顾社区老年人等群体的特殊需求，充分体现便民利民惠民的宗旨。

三是集约建设、商居和谐。结合实施城市更新行动，盘活存量设施资源，集中建设新增设施，提高设施使用效率，在保证安全的前提下提倡"一点多用、一店多能"，避免大拆大建。营造商居和谐的消费环境，做到商业环境与居住环境相协调，业态发展和居民需求相匹配。

四是创新驱动、多元发展。充分发挥各类资源和社会力量作用，推动商业业态创新、管理创新和服务创新，鼓励标准化、连锁化、特色化、智慧化、专业化发展，提供适合社区消费群体的多层次、个性化商品和服务。

2）目标引导

"十四五"期间建设一批布局合理、业态齐全、功能完善、智慧便捷、规范有序、服务优质、商居和谐的一刻钟便民生活圈，全面提升便利化、标准化、智慧化、品质化水平，以满足人民日益增长的美好生活需要。在服务基本民生、促进消费升级、畅通城市经济微循环方面发挥更大作用。

一是便利化程度显著提升，商业网点布局更加合理，功能业态更加齐全，能够满足居民就近便捷消费的基本需要。

商业网点布局优先选择地理位置优越、交通便利、人流相对集中的区域，可结合社区党群服务中心（站）、社区卫生中心、综合文化活动中心（综合文化站）等公共设施或交通枢纽，沿居住区主要道路布局设置，确保居民步行15分钟可到达，提升消费便利度。

渐进式完善功能业态，优先配齐、配优、配强便利店、生鲜超市、药店等基本保障类业态。根据社区发展基础和居民消费需求，逐步引入和发展咖啡厅、书店、健身房等品质提升类业态。

二是标准化建设加快推进，商业设施配置和服务供给更加规范，管理运营更加专业精细。

商业设施配置应落实新建社区商业和综合服务设施面积占社区总建筑面积不低于10%的国家规定。强化便民商业服务供给规范化管理。

建立健全便民商业服务企业监管制度，引导商户诚信经营，规范商户经营和服务行为。引导企业制定品牌发展战略，实施标准化管理，带动服务水平提升。

三是智慧化水平不断提高，新技术、新业态、新模式在便民生活圈应用场景更加广泛，线上线下深度融合，数字化转型进度加快。

鼓励实体店应用先进信息技术，拓展体验场景，创新服务模式，创新服务能力；鼓励社区商铺门店"一店多能"，拓展服务功能，完善综合性、一站式便民服务；充分借助移动互联、云计算、大数据、人工智能等技术手段，推动数字化、网络化、智能化发展，为居民提供多种智慧生活服务。

构建便民生活圈智慧服务平台（小程序或手机应用），提供信息搜索、查询、缴费、导航及线上下单支付等线上服务，实现实体生活圈和线上生活圈相融合。

四是品质化生活稳步提升，品牌连锁和特色化建设不断增强，商品和服务供给更加丰富、优质、安全；设施环境持续改善，传统消费加快升级，服务和体验消费比重不断扩大。

鼓励连锁化经营，引导和支持品牌连锁企业在社区打造一批便民商业服务中心，促使商品和服务供给更加丰富、优质、安全，不断增强品牌连锁和特色化建设。

对形象标识、门店管控、设施配置、服务标准、商品采购、物流配送实行"六统一"，持续完善设施环境。

加速推进传统消费转型升级，优化消费硬软环境，塑造消费服务场景，提升便民体验，不断扩大服务与体验消费的比重。

3）设施配置

回应居民现实需求与生活方式的变化，围绕满足人民日益增长的美好生活需要的发展目标，以便民商业服务为核心打造"人文、生态、智慧、适老、青年、稚龄"六大特色场景，实现"养老圈""健身圈""文化圈"与"便民生活圈"的融合发展。形成"标准清单＋特色场景"的设施体系。标准清单是以业态丰富的便民商业服务为核心；特色场景是在便民服务的基础上，提出人文魅力、生态宜居、青年友好等六大特色场景设施配置菜单，供社区自主选择，为社区居民提供精准服务（图4-11）。

图 4-11　便民生活圈设施体系图

（1）业态丰富的便民商业

结合沈阳市居民生活习惯，就近提供充足多元的便民商业服务，满足居民购物、餐饮、生活服务等日常需求，强化便民商业设施配置。通过多点布局"小

图 4-12　五三街道慧缘馨村小区
沿街便民商业

而全"的街坊商业或社区便民商业中心，满足居民购物、消费的即时性和便利
性需求。

结合社区居民休闲、健康、社交、娱乐、购物等个性化、多样化、特色化
的消费需求，提升现有设施服务水平，优化调整业态组合，加强新业态、新服
务的引进。

重点配置设施包括购物类的菜市场或生鲜超市、综合超市、便利店，餐饮
类的早餐店、餐饮店，生活服务类的美容美发店、洗染店、维修点、照相文印店、
家政服务点、邮政快递综合服务点、再生资源回收点等。选择性配置设施包括
特色餐饮店、蛋糕烘焙店、旅游服务点、保健养生店、鲜花礼品店、茶艺咖啡馆、
宠物服务站等（图 4-12）。

（2）学有所成的终身教育

围绕"一老一小"的学习需求，完善儿童托管与照护服务，为儿童提供多
样化的教育培训服务，促进其智力开发与拓展。全面推进幸福教育课堂进社区，
举办面向"一老"的公益讲座和面向"一幼"的实践课堂。结合青年、中年、
老年等群体的兴趣培训与技能提升需求，增设各类面向大众的教育培训点，老
龄化社区重点提供老年学校等设施，倡导终身教育。

图 4-13 正良街道蒲雅社区幸福教育课堂

着重配置设施包括幼儿园、托育机构、儿童托管机构、幸福教育课堂、教育培训点等（图 4-13）。

（3）无处不在的健身活动

应对现代绿色健康生活方式的需求，覆盖从儿童到老年人的各个年龄阶段，从基础健身到专业训练等各类全民健身需求。利用社区闲置空地或低效小微空间进行改造，见缝插针，积极拓展居民身边的体育健身空间，满足居民体育锻炼的需求。

着重配置设施包括公共绿地、多功能运动场地、体育馆或全民健身中心（篮球场、排球场、羽毛球场、乒乓球场、台球室、游泳池等）、运动健身房等（图4-14）。

（4）健全周到的为老服务

以社区养老服务设施为空间载体，统筹社区服务资源，提供日托养老、康护娱乐、老年食堂、全托照护、老年医疗保健、居家养老、紧急援助等综合为老服务。

着重配置设施包括社区养老服务设施、幸福长者食堂、社区卫生服务中心（站）等。鼓励连锁药店利用专业力量拓展老年康护、保健养生咨询或培训等项目，引入健身、养生等功能和产品，开展高质量的便民服务（图4-15、图4-16）。

图 4-14　五三街道邻里公园内的健身步道、户外运动场地

图 4-15　文安路居家养老服务中心、社区卫生服务中心

图 4-16　新世界花园二社区城市食堂

（5）丰富多元的文化服务

完善基础文化设施建设，以文化活动中心为空间载体，提供丰富多元的文化服务，包括图书阅览、展览陈列、影视观演、设计工坊、自习室等。定期开展居民喜闻乐见、全龄参与的文化活动，创造丰富多样的文化体验。

创新书店商业模式，以图书为核心的"书+X"模式，搭载咖啡馆、餐厅、精品店，以及开展艺术类、文化类讲座，在提升居民消费体验的同时，通过商业公共场所将社区与活动进行整合，赋予社区商业空间以文化价值。

着重配置设施包括综合文化活动中心（社区自习室、社区自助图书馆）、文化展厅（文化长廊）、新式书店等（图4-17）。

图 4-17　时代文仓新式书店

（6）绿色开放的公共空间

打造多层次系统化的公共开放空间体系，提升公共空间丰富性、开放性与复合性，满足居民不同类型、不同空间层次的公共活动需求。

依托区域内有条件的城市支路、街坊通道、生活性道路等打造便民生活圈慢行绿道，串联公共绿地、公共广场等户外活动场所，形成公共空间网络。提高场地开放性、复合性；提升游憩体验，鼓励文化、健身等设施与户外公共活动空间相融合，为市民提供真正能够乐在其中的户外公共活动空间（图4-18）。

（7）多元协作的社区治理

坚持以党建引领为核心，健全居民参与社区治理的制度，规范网格化建设，构建共建、共治、共享的基层治理共同体，提升社会治理体系和治理能力的现代化水平。创新治理模式，建立居民参与便民生活圈规划建设全过程的工作机制，切实做到问需于民、问计于民、建设为民。

着重配置设施包括社区党群服务中心（图4-19）、社区服务云平台、社区自治组织。

图4-18 浑南区邻里公园

图4-19 文安路社区党群服务中心

4）建设模式指引

由于历史沿革、地理条件、发展基础等原因，便民生活圈的商业设施呈现不同的发展形态，主要包括中心式、街坊式和分散式三种形态。针对不同的形态，从功能和布局层面提出建设指引。

（1）中心式形态

中心式形态指以一个或多个社区便民商业中心、购物中心、服务中心等综合性商业设施为核心，沿街或零星商业网点为补充，满足社区居民及部分流动消费者生活消费需求的商业发展形态。

中心式形态的功能要求是集约建设多种便民商业服务设施和公共服务设施，依据《标准》要求，优先配齐配优基本保障类便民商业设施，分别满足各项设施建设标准。在规模方面，社区商业综合体或社区购物中心的建筑面积为 1 万~ 4.5 万 m²，应独立占地设置；便民商业中心的建筑面积为 0.05 万~ 0.2 万 m²，宜独立占地设置。在选址方面，宜设置在安全、便利、居民容易到达的地段，且不应干扰居民生活；宜临近地铁站点或公交站点（枢纽），使居民便利出行的同时，完成购物、用餐、教育培训等日常活动。不同便民生活圈内综合性商业设施之间的距离宜为 2000m 左右，以提高其服务覆盖面。

中心式形态的布局原则是，根据设施功能要求和居民使用习惯，将使用频率较高且具有特殊建设条件的设施布局在便于使用及到达的位置，保障社区便民商业中心的高效利用。根据功能关联度进行合理分区，将同类功能集中设置，相互干扰的功能分开设置。综合健身馆、生鲜超市等人流密集、噪声较大的设施应与社区养老服务设施分开或分层设置。社区养老服务设施宜布置在较低楼层。文化、体育等对环境需求较小的设施可设置于顶层（图 4-20）。

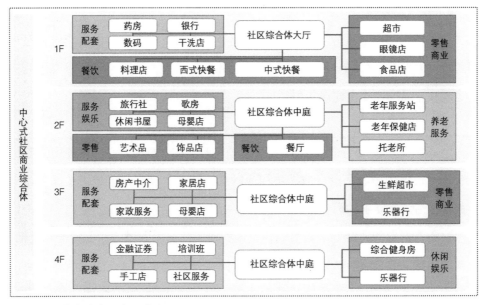

图 4-20　中心式商业布局建议图

（2）街坊式形态

街坊式形态指沿街道以条状形式相对集中配置商业设施，以满足社区居民生活消费需求为主的商业发展形态。

街坊式形态由生活型街道（即以生活交通为主要职能的街道）构成，主要满足人们生活与日常出行的需求，街道界面宽度宜为 20 ~ 40m。在生活圈建设过程中，通过在生活型街道两侧慢行区合理配置商业服务设施，增加居民生活的便利性。因此，街坊式形态的功能要求是利用首层临街优势，从居民现实需求出发，重视个性化设计，布置多种便民商业服务设施和公共服务设施，以基本保障类便民商业设施为主，应符合《标准》中的各项设施建设标准。

街坊式形态的布局原则是形成多元业态混合，连续的沿街建筑界面。宜对沿街建筑界面的业态、连续性、宽度、高度进行控制建设指引。在业态控制方面，鼓励设置混合商业、零售、餐饮等业态，增加便民商业网点，打造富有活力的连续性街道空间，提高居民日常生活便捷性。在连续性和宽度方面，底层沿街界面中以展示型橱窗为主的街段，宜设置宽度为 1m 左右的街道活动空间；需要设置室外商品展示与销售的以中小型零售业为主的街段，宜设置宽度为 2m 左右的街道活动空间。大型设施出入口及需要设置室外餐饮区域的街段尽量设置 3m 左右的街道活动空间。在高度方面，新建街道沿街建筑高度宜控制在 12 ~ 24m，最高不宜超过 30m。为增强居民在活动时的心理亲和感，适当拓宽街道，打造舒适的街道空间（表 4-8）。

在街道设计、店招、照明、地面铺装、休憩设施等方面的规则建议如下：步行道应能提供充足的日照、照明、遮阳和街道活动空间，激发街道活力。地面铺装的材质和图案可适当活泼，促进街道活力。为行人提供驻留、休憩空间，设置适量的休憩设施，有助增加街道的活动多样性，改善步行体验。

沿街商业建筑高度与宽度建议表　　　　　　　　　　　表 4-8

	沿街建筑高度建议	街道高宽比	
商业街区支路	24m	1.5 : 1 ~ 1 : 1	塑造较为紧凑的街道空间
居住社区支路	15 ~ 20m	1 : 1 ~ 1 : 1.2	塑造相对舒适的街道空间

（3）分散式形态

分散式形态是受用地等客观条件限制，利用分散的社区商业设施建设便民网点的商业发展形态。

分散式形态的功能要求是结合社区居民实际需求，对现有设施类型进行补充完善，鼓励分散式布局的社区商业设施基于社区人群需求进行个性化定制，如"菜市场 + 餐厅 + 超市""便利店 + 干洗店"等多能店，结合新媒体和高科技互动装置，实现线上线下的服务融合，打破分散式布局的局限性。

分散式形态的布局原则是设置在安全、便利、居民容易到达的地段。分散式布局的便民网点一方面宜通过空间挖潜补充完善设施类型，逐渐形成多元业态混合、开敞活力的沿街界面，提升吸引力，逐渐形成聚集人气的生活服务街道氛围；另一方面，宜通过慢行步道串联各个设施及公共空间节点，提高其交通便利性。在分散式形态模式下，增补的设施宜充分考虑与周边环境、色彩、形态相协调。

5）分阶实施指引

（1）培育圈建设指引

培育圈为人口及网点正在集聚的新兴社区。此类生活圈人口与商业网点聚集程度不高，在一定程度上随着城市开发建设，不断培育发展便民服务功能。因此培育圈的业态发展策略是保基本业态，带品质提升，即在保证基本保障类设施满足使用的前提下，再考虑品质提升类设施的发展。

初期宜采用分散式形态的空间模式。以服务均好性为原则，实现在居民一刻钟出行半径内基本便民服务设施的全覆盖。推进线上线下的服务融合，打造如"菜市场+餐厅+超市""便利店+干洗店"等"一店多能"网点，满足居民需求（图4-21）。

（2）标准圈建设指引

标准圈为人口及网点密度较高的社区。此类生活圈建设相对较为成熟，但在一定程度上也限制了区域内的开发，应以存量设施升级为主。因此标准圈的业态发展策略是补基本业态，重品质提升，即在补充完善基本保障类业态的同时，需着重发展品质提升类业态，满足居民休闲、健康、社交、娱乐、购物等个性化、多样化、特色化的更高层次消费需求。

在空间模式上宜采用街坊式形态。以服务便利性为原则，充分利用沿街商铺、建筑底层空间形成界面连续、业态多元的便民服务街区，引入多元市场主体，在家门口解决居民的所需所盼（图4-22）。

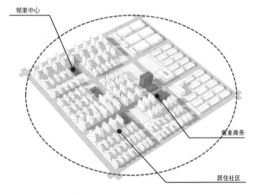

图 4-21　培育圈建设指引图

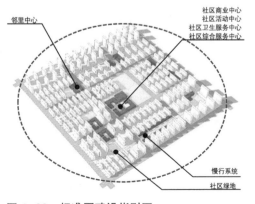

图 4-22　标准圈建设指引图

（3）品质圈建设指引

品质圈为以居住、商业等混合功能为主，业态丰富、人口集聚的社区。此类生活圈多位于城市更新、核心发展板块等具备更新改造的动力源泉或发展潜力高的区域，有条件打造高品质的社区商业中心，发挥示范引领带动作用。因此品质圈的业态发展策略是促品质提升、强辐射能力，

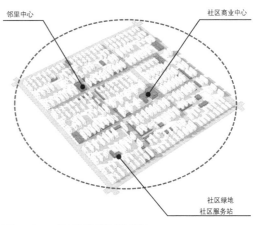

图 4-23　品质圈建设指引图

即在促进品质提升类业态建设的同时，增强其对周边的服务辐射能力。

在空间模式上宜采取中心＋街坊式的布局形态。以服务品质性为原则，"中心"将结合商场、邻里中心等高能级空间及地铁站点等枢纽空间，布局高品质服务功能，突出个性化、多元化、特色化，形成具有一定辐射带动能力的区域中心。"街坊"将根据功能关联度及居民生活需求，进行业态组合和分区引导，打造高品质便民服务样板（图 4-23）。

6）场景引导

结合便民生活圈内人群结构、资源禀赋、居民需求等多方面因素，针对性地配置多样化、特色化的设施。便民生活圈场景是未来发展目标愿景的体现，按照不同的特色，提出以下便民生活圈场景：人文魅力、生态宜居、智慧治理、适老康养、青年友好、稚龄成长，实际建设不限于上述六类场景。

在满足基本保障型设施的基础上，提出"菜单式"特色场景设施配置清单，引导便民生活圈结合自身需求自由选择搭配。

（1）人文魅力场景

人文魅力场景适用于具有历史、文化特色等人文氛围浓厚的便民生活圈。人

文魅力场景营建目标是积极挖掘地区特色和文化价值，注重保留便民生活圈内原有的历史空间格局和肌理。已建地区重视历史文化的传承和风貌环境的协调，将空间意向的元素进行充分提炼和强化，体现地方文化特色；新建地区应重视地区文化内涵，丰富人文主题活动的策划，因地制宜塑造独具文化魅力的生活圈。

围绕艺术课堂、知识畅读、文化体验、文化展示和创意活动等人文魅力场景，配置社区综合文化活动中心、文化驿站、新式书店、文化展厅等特色设施，举办社区品牌文化活动（图4-24）。

图4-24 人文魅力场景设施引导

（2）生态宜居场景

生态宜居场景适用于具有滨水临园等生态资源的生活圈。生态宜居场景营建目标主要展现生活圈生态环境优越性，兼顾低碳环保示范与居民居住环境品质生态化，建设"离尘不离城"的便民生活圈。生态生活层面，为居民提供生态条件优越、具有生活质感、舒适度高的居住环境。低碳循环层面，鼓励低碳技术、垃圾无害化处理等生态技术，突出场景特色、生态示范展示作用。

围绕休闲体验、开放空间、生态科普等生态宜居场景，配置社区绿地、口袋公园、生态慢行道、科普示范基地、智能回收点等特色设施，举办生态体验活动（图4-25）。

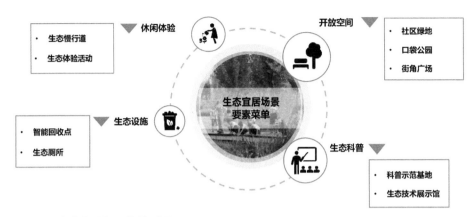

图 4-25　生态宜居场景设施引导

（3）智慧治理场景

智慧治理场景是对未来生活圈生活方式及治理方式的场景设想，对生活圈进行数字化赋能、推动智能化发展，提高居民生活质量及效率，建设"智能高效"的生活圈。在智慧生活层面，接入智慧城市和基层管理服务，构建便民生活圈智慧服务平台（小程序或手机应用），智慧化公共服务设施体系满足居民生活需求；在智能高效层面，发展无接触交易、智能结算与网订店取（送）模式，提供周边信息查询、线上发券、线下兑换等服务，打造集约式发展生活圈。

配置 24 小时无人值守便利店、智能快递柜、自动售货机、智能回收箱等智能设施，搭建智慧生活服务平台，提供网订店取、商品配送等服务（图 4-26）。

图 4-26　智慧治理场景设施引导

（4）适老康养场景

适老康养场景适用于老龄化程度高的生活圈。适老康养场景营建的目标是保障老年人生活的舒适性，注重设施、空间的适老化改造。基于老年人的活动特点、使用偏好等因素，将便民服务设施进行适老化改造与提升，体现老年友好的人性化服务；提供高品质的医疗、康复、养老中心，满足老年人健康生活的需求。

围绕日常照护、适老设施、餐饮保障、活动空间等配置日间照料站、居家养老服务设施、社区卫生站、幸福长者食堂、老年大学等特色设施。为老年人提供生活照料、精神慰藉、健康管理、医疗护理、文体娱乐、紧急援助等服务（图4-27）。

图 4-27 适老康养场景设施引导

（5）青年友好场景

青年友好场景适用于青年人口比例较高的生活圈。青年友好场景营建目标是围绕青年的创业、立业、社会参与、高品质生活需求，积极拓展青年喜闻乐见的消费新模式、新业态，让青年有为，动员青年有序参与社区治理。

围绕青年创新创业需求，配置青创服务中心，提供技能培训、创业空间等服务；围绕青年多元活动需求，配置综合商场、咖啡茶艺、蛋糕烘焙等购物娱乐设施，提供宠物、快递等生活服务，配置特色游园、新式书店等邻里交流设

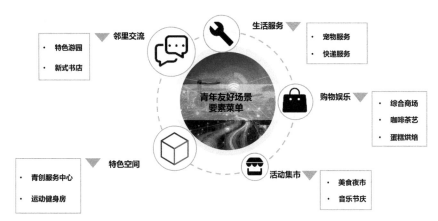

图 4-28　青年友好场景设施引导

施以及美食市集、音乐节庆活动等特色设施。提供高品质的配套设施与多元活动，吸引青年群体入住，提升社区活力（图 4-28）。

（6）稚龄成长场景

稚龄成长场景适用于儿童比例较高，以及发展儿童友好社区的生活圈。稚龄成长场景营建目标是从儿童的视角出发，以儿童优先为原则，打造一个环境友好、服务完善的便民生活圈场景，增强儿童的归属感、幸福感。

围绕儿童日常生活、学习需求，提供相应儿童托管、兴趣培养等服务；围绕儿童游戏需求，配置安全、多样的游乐设施，提供实践活动，为儿童创造活力成长的生活环境（图 4-29）。

图 4-29　稚龄成长场景设施引导

7）行动指引

（1）多方联动

与沈阳市两邻社区建设、城市更新行动、街道更新行动、口袋公园建设等相结合，协同推进便民生活圈建设。

与两邻社区建设相结合：在便民生活圈的建设实施中，深入践行"与邻为善、以邻为伴"理念，调动社区居民、社会组织等多元主体参与一刻钟便民生活圈的建设工作，增强居民的社区归属感，营造共建共治共享的生活圈。

与城市更新行动相结合：城市更新是便民生活圈建设的重要空间支撑保障，在城市更新行动中梳理出的可利用空间，可以作为补充必要设施的空间载体，完善生活圈各类设施的配置。

与街道更新行动相结合：街道更新行动是生活圈建设的重要延续，可以通过街道更新工程，营造特色街巷，提升生活圈标识性，突出特色主题，通过优化道路断面，增加开放空间，结合生活圈商业业态升级，持续激发活力。

与口袋公园建设相结合：口袋公园建设是生活圈建设的重要民生保障，在改变城市环境的同时，满足居民休闲、娱乐、健身等需求，结合不同的生活圈场景，打造相应的特色口袋公园。

案例参考 ------------------------------------●

案例一：街道更新——沈阳恒达路街区更新改造

在"沈阳恒达路街区更新改造"项目中，基于对街道复杂现状及国内公共街道普遍问题的充分认知，用突显场地独特性、提升街道体验感、展现城市人文关怀、延续当地文脉的景观设计，更新活化原本被遗忘的街道空间，重构街道与人的亲密关系，以期进一步带动提升周边片区的城市生活品质（图4-30、图4-31）。

图 4-30　恒达路永续之门

图 4-31　恒达路路口景观

案例二：城市更新——时代公园

　　沈阳市大东区时代公园建设，是在城市更新及口袋公园建设的背景下，依托"东贸库"仓库建筑群、沈海热电厂等特色建筑，进行的有机城市更新设计，将城市书房与口袋公园相互结合，运用城市公共空间去弥补社区功能上的缺失（图 4-32、图 4-33）。

图 4-32　时代公园南入口

图 4-33　时代公园时代列车

（2）运营模式

通过企业主导、政企合作、社会组织、志愿组织等多种方式引导便民生活圈的建设与运营。

企业主导的运营模式。以经营企业为开发主体建设的生活圈设施，企业自行租赁店铺经营，运营模式以市场化为主，在满足居民消费需求的基础上，企业更注重的是运营收益。

政企合作的运营模式。政府提供空间，企业后期运营。政府掌握大量的存量空间，但缺少人力去运营；通过引入相关企业置入生活圈相关设施，在满足居民需求的同时，提供就近就业的机会。

社会组织的运营模式。某些社会团体自行组织建设的相关生活圈设施，服务于某些团体组织成员及周边居民，以公益性为主。

志愿组织的运营模式。积分超市制度激励居民参与志愿服务。居民可以自愿参加所在社区定期组织的一系列志愿服务活动，并换取志愿服务积分，而后可凭积分换取相应的优惠，多以公益性为主。

案例参考

案例一：企业主导——和平北市街道汉字主题书房

汉字主题书房是和平区惠民的公共文化场所，是社会文化机构通过自有知识产权参与公共文化供给并传播汉字文化、传承中华优秀传统文化的新尝试。

该书房东临实胜皇寺，西傍锡伯族家庙，古色古香。书房建筑面积1600m²，设有门前导流区、国学区、主题区、蒙学区、活动区、上书房、南书房、东壁、西园等八个区间，另设有饮品区、文创区等。书房突出汉字文化的主题性特征，从甲骨文讲到简化字，内外连通，特色醒目，溯本追源，以文化人，每个标识牌上都有甲骨文做标识，楼梯的台阶上展示了汉字从甲骨文到简化字的演变历史，标识墙、对门联、简化字小史、典籍旧藏等，无一不显示和体现了汉字主题特色（图 4-34）。

图 4-34　汉字主题书房

书房将服务大众阅读的文化需求与培养阅读习惯和传承中华优秀传统文化相结合，开展每周一字、每月一训、每季一讲座等活动，每年专题活动不少于 60 场，采取读、看、听、讲、写、研、训、动等综合方式，打造图书馆、博物馆、艺术馆、文化书院等多位一体的综合文化场所（图 4-35）。

图 4-35　汉字主题书房内部

案例二：政企合作——沈北正良社区商圈

沈北正良社区商圈将航空航天大学地铁口夜市升级改造为布局合理、管理规范、独具特色的青橙里夜市（图 4-36）。改造后总长约 400m，新增地方小吃（图 4-37）、文创潮玩、精品百货几大潮流板块，惠及各个年龄段游客，为商户提供一系列优惠、扶持政策，尤其对老商户实施了八大优惠政策。加强对商户的经营引导，持续优化经营主体，成立商户联合会、选举区域组长、举办优秀商户评比等活动，强化商户对产品质量、生产安全、环境卫生的内部监督，对优秀商户、表现较好的区域减免租金、宣传助推，打造网红商户。

社区组织商户联合会，提供志愿者服务，基础民生保障工作完备。

图 4-36　青橙里夜市

图 4-37　青橙里夜市美食摊位

（3）实施指引

按照"找短板—定任务—推行动"的实施路径，围绕"区域评估—方案制定—行动实施"这三个核心环节开展工作，紧密跟踪近期启动并推进的项目进展，通过持续的反馈机制，实现及时、长效的一刻钟便民生活圈治理。

第一步：区域评估。区域评估阶段工作内容包括评估服务要素、居民需求调查、识别短板问题，明确亟待解决的问题与提升重点方向。

评估服务要素。以便民生活圈单元为范围，梳理设施、生态、土地等资源条件，盘点可利用的历史和生态资源，以及零散的闲置空间，评估服务要素的规模、分布、供需匹配、建设品质、服务水平等情况。

居民需求调查。以便民生活圈内社区居民需求为导向，通过发放调查问卷、组织居民座谈会等多种形式，切实了解社区居民的现实需求。重点聚焦大型居住社区等现状诉求较多的成熟社区，关注居民对便民商业设施和基本公共服务设施的需求，查漏补缺。

形成短板清单。加强协作式规划机制，积极纳入公众参与，组织听取社区居民、街镇、企业、社会团体等直接利益相关者的意见和诉求，补充完善短板清单，明确短板问题。结合各方需求所形成的便民生活圈短板清单，主要包括便民服务设施、公共服务设施以及日常步行环境方面的短板清单。

第二步：方案制定。通过确立发展目标—制定建设方案—制定建设任务的工作路径，形成"任务清单"。

综合便民生活圈内发展情况、优势资源及居民诉求，确定发展目标。针对短板问题，结合老旧小区改造、街路更新、两邻社区建设、城市更新等工作，制定建设方案。基于建设方案，综合考虑需求紧迫度、实施主体积极性、实施难易度等因素，明确具体工作任务，形成建设任务清单，并梳理实施内容的空间来源与资金保障。

第三步：行动实施。基于建设方案，结合城市更新、两邻社区、老旧小区改造、口袋公园等项目的建设，协同开展一刻钟便民生活圈建设实施。行动流程分为行动实施、跟踪评估两个阶段。

行动实施阶段，整合条线部门和多元实施主体力量共同推进建设。区政府围绕推进具体行动计划的阶段任务，筹集行动计划专项资金，审批并落实各项建设项目。在推进行动计划过程中，注重共建共治共享，坚持以人民为中心，采用"协作式规划"，组建以街道、居委会等为主体，社区居民、社会组织、专家等多方参与的行动机制。通过线上线下问卷调查、召开研讨会、发放宣传手册等方式，就社区公共空间及服务设施的需求和配置，征求相关居民及专业人员的意见，落实贯穿需求调查、方案制定、规划实施、跟踪评估全过程的公众参与，激发社区自治、共治活力。行动计划完成和投入使用后，及时举办两邻生活节、社区艺术节、幸福教育课堂等各类社区活动，提升社区凝聚力。

跟踪评估阶段，针对各项行动任务的规划与建设进行定期评估，密切关注社区居民的新需求与新问题，及时调整行动计划以符合居民的现实需求。

4.3.2 规范设施标准

为一刻钟便民生活圈建设工作能有标准可依，落实《指南》的要求，通过实地调研、问卷调查、部门访谈、案例研究和数据分析等手段，判断沈阳居民实际日常生活需求，结合国家及行业标准，制定《标准》，规定了创建一刻钟便民生活圈的功能和业态组合、服务设施设置标准、社区便民商业中心设置要求等。

1）功能和业态组合

一刻钟便民生活圈的业态根据需求层次分为"基本保障"和"品质提升"两大类，根据供给主体分为便民商业服务和基本公共服务两种类型。其中基本保障类是满足社区居民一日三餐、生活必需品、家庭生活服务等基本生活需求的服务设施，品质提升类是满足社区居民休闲、健康、社交、娱乐、购物等个性化、多样化、特色化的更高层次生活需求的服务设施（表4-9）。

一刻钟便民生活圈功能业态类型要求　　　　　　表4-9

类型		名称
基本保障类	便民商业服务设施	便利店、综合超市或超市、菜市场、生鲜超市（菜店）、早餐店（早餐车）、维修点、洗染店、美容美发店、照相文印店、药店、家政服务点、邮政快递综合服务点、智能回收点、餐饮设施
	基本公共服务设施	社区党群服务中心（站）、幼儿园、社区养老服务设施（养老服务站）、社区卫生服务中心（站）、综合文化活动中心（综合文化站）、公共绿地
品质提升类	便民商业服务设施	新式书店、运动健身房、特色餐饮店、托育机构、儿童托管机构、保健养生店、培训教育点、蛋糕烘焙店、旅游服务点、鲜花礼品店、茶艺咖啡店、宠物服务站、银行营业网点、幸福长者食堂
	基本公共服务设施	城市书房（书屋）或文化驿站、体育场（馆）或全民健身中心、多功能运动场地

2）服务设施设置标准

（1）一刻钟便民生活圈基本保障类服务设施

在蔬菜零售店、便利店、早餐店、快递服务点、维修点、家政服务点、美容美发店、洗染店等基本便民商业服务设施基础上，补充老幼托管、文体活动、医疗卫生、生态休闲、社区治理等方面的基础保障型公共服务设施，具体服务设施和覆盖性要求宜参照表4-10执行。

基本保障业态在社区居民日常生活中必不可少，在便民生活圈建设过程中，应通过引进品牌企业、扩充现有网点功能等方式，优先配齐、配优、配强此类业态。

一刻钟便民生活圈基本保障类服务设施一览表　　　　表 4-10

类别	序号	设施名称	服务内容	服务半径（m）
便民商业服务设施	1	便利店	满足市民便利性需求的零售商业	300
	2	综合超市或超市	满足市民一次性购齐所需品的零售业态	1000
	3	菜市场	提供菜、蛋、肉等各类农副产品的经营场所	500
	4	生鲜超市（菜店）	从事蔬菜、水果、水产、粮食等农副产品经营	500
	5	早餐店（早餐车）	应能提供早餐服务	600
	6	维修点	为居民提供个人手机、个人家庭使用电器维修、维护和售后活动	1000
	7	洗染店	提供专业的洗染服务，包括干洗、湿洗等服务	500
	8	美容美发店	提供专业理发、美发、美容、美甲等服务	500
	9	照相文印店	提供摄影服务、照相扩印以及文印服务	800
	10	药店	提供药品零售	300
	11	家政服务点	为居民提供相关的家政服务	1000
	12	邮政快递综合服务点	提供送货上门、客户上门等快递服务场所	500
	13	智能回收点	提供可再生的废旧物资回收服务	500
	14	餐饮设施	应能提供订餐及送餐服务；应能满足社区居民饮食多样化的需求，应能满足特殊人群的需要，应有多种风味的餐饮店	600
基本公共服务设施	15	社区党群服务中心（站）	包含服务大厅、警务室、社区居委会办公室、居民活动用房、阅览室、党群活动中心等的综合型场地	1000
	16	幼儿园	保教 3～6 周岁的学龄前儿童	300
	17	社区养老服务设施（养老服务站）	老年人日托服务，包括餐饮、文娱、健身、医疗保健等	300
	18	社区卫生服务中心（站）	预防、医疗、计生等服务	1000
	19	综合文化活动中心（综合文化站）	书报阅览、书画、文娱、健身、音乐欣赏、茶座等，可供青少年与老年人活动的场所	1000
	20	公共绿地	提供游憩活动设施，供居民活动的绿地	1000

（2）一刻钟便民生活圈品质提升类服务设施

为契合社区居民精细化的需求，提供高品质、多样化的便民商业和公共服务，具体服务设施和配置要求宜参照表4-11执行。

根据社区发展基础和居民消费需求，引进知名品牌连锁企业，渐进式发展品质提升类业态。优先发展居民对生活品质提升最迫切需要的幸福长者食堂、特色餐饮店、运动健身房、新式书店、幼儿托育机构等业态。

一刻钟便民生活圈品质提升类服务设施一览表　　　　　表4-11

类别	序号	设施名称	服务内容	服务半径（m）
便民商业服务设施	1	新式书店	提供图书阅览、餐饮以及购物服务	1000
	2	运动健身房	具有多种健身设施，具备体能训练和体质监测等功能	800
	3	特色餐饮店	提供特色餐饮服务	600
	4	托育机构	为3岁以下婴幼儿提供全日托、半日托、计时托、临时托等托育服务	300
	5	儿童托管机构	为学龄前、学龄期儿童提供课后托管、看护等服务	300
	6	保健养生店	通过专用设备、产品为人们提供预防养生、减压放松等服务项目，包括足疗、推拿等多种形式	1000
	7	培训教育点	提供有目的、有计划地培养和训练，以及公开课、内训等服务	1000
	8	蛋糕烘焙店	提供蛋糕、甜品，并且种类口味较齐全	1000
	9	旅游服务点	提供旅游信息查询	1000
	10	鲜花礼品店	提供鲜花、礼品等，销售或外送服务	1000
	11	茶艺咖啡店	提供相关的茶道、咖啡品尝服务，提供休憩、消遣和交际服务	500
	12	宠物服务站	为居民的宠物提供相关服务	1000
	13	银行营业网点	提供银行相关业务	1000
	14	幸福长者食堂	为社区居民尤其是老年人提供膳食加工配置、外送及集中用餐等服务	1000

续表

类别	序号	设施名称	服务内容	服务半径（m）
基本公共服务设施	15	城市书房（书屋）或文化驿站	历史文化宣传及教育等，可兼有兴趣培训、技能辅导、课外拓展等培训功能，以及影剧场功能和图书阅览等功能	1000
	16	体育场（馆）或全民健身中心	提供多种健身设施、专用于开展体育健身活动	1000
	17	多功能运动场地	多功能运动或同等规模的球类运动	1000

（3）一刻钟便民生活圈服务设施比重分配

新建地区的社区商业和综合服务设施面积占社区总建筑面积比例应不低于10%，做到社区商业设施与住宅同步规划、同步建设、同步验收和同步交付。

一刻钟便民生活圈内基本保障类商业设施建议遵循表4-12比例配置。

基本保障类业态配置比例　　　　表4-12

项目	比重（%）	项目	比重（%）
餐饮服务	22%	再生资源回收服务	10%
购物功能	38%	家庭服务	4%
维修服务	8%	照相冲印服务	4%
洗衣服务	6%	美发美容服务	8%

3）社区便民商业中心设置要求

（1）功能业态组合

社区便民商业中心应能满足居民餐饮、购物、维修、美容美发等多种与居民生活密切相关的服务需求。宜设置功能较完善的便民商业服务网点15个以上，业态10种以上，网点主要有超市、菜市场或生鲜超市、便利店、餐饮店、美容美发店、洗染店、维修点、家政服务点等（表4-13）。

分类	必备型业态及服务	建筑面积（m²）	服务半径（m）
社区便民商业中心	超市、菜市场或生鲜超市、便利店、餐饮店、美容美发店、维修点、家政服务点等	500～2000	1000

社区便民商业中心配置标准　表4-13

（2）布局选址

社区便民商业中心应设置在交通便利、人流量相对集中的区域，可结合社区服务中心、卫生中心、文化中心等公共设施或交通枢纽，沿居住区的主要道路布局和设置，确保居民步行15分钟可到达。

（3）分区建设引导

已建地区，通过用地更新或建筑功能改造，对缺失的必备型业态进行补充，完善商业中心功能。鼓励老旧小区统筹利用闲置厂房、仓库、公有物业划拨等存量资源，因地制宜补齐商业设施短板并提升现有设施水平。

新建地区，应坚持相对集中原则，优先考虑发展集聚式商业形态。社区商业引导以独立用地形式集中建设。重点建设改造社区便民商业中心等。商业设施配备相对齐全的社区应重点优化调整业态组合，加强新业态、新服务引进，拓展商业功能，提升服务水平。

4.4 实施方案落地

便民生活圈采取"城市层面总体方案+各生活圈子方案"的"1+N"模式推进落地实施。首先厘清生活圈实施方案编制目的是细化落实城市层面总体方案的要求，促进建设实施；其次明确生活圈实施方案编制要点，包括需求分析、规划布局、设计实施、动态评估等环节；最后以长江街地区一刻钟便民生活圈为例阐述生活圈实施方案编制实践。

4.4.1　实施方案的编制目的

一刻钟便民生活圈实施方案是依据《专项规划》中生活圈空间单元的划分确定编制范围，充分衔接《专项规划》和《导则》，综合最新政策及工作要求，按需补充各类服务设施。实施方案以促实施为导向，编制内容包括明确各类服务设施的布局、规模和综合设置要求以及建设行动计划安排。

规模与布局方面，通过实施方案编制，针对各类服务设施，配置合理的规模，包括商业网点的大小、数量以及服务能力的规划，以确保设施能够满足社区居民的需求，同时避免资源的浪费。优化服务设施布局，确保居民在步行 15 分钟范围内能够享受到便捷的生活服务。

建设行动计划方面，通过实施方案明确短期和长期的具体建设目标，并对各项任务进行详细分解，确保项目有序推进和按时完成。

由区政府组织街道和相关部门编制实施方案。坚持因地制宜、一圈一策的原则，把居民的实际需求转化为具体的项目清单。

4.4.2　实施方案的编制指引

生活圈实施方案是以促实施为目标的行动策划，注重操作层面的落地性，包括开展现状评估、制定空间方案、推进行动计划和动态跟踪评估等工作阶段。

①开展现状评估。通过现场摸查、问卷调查、居民访谈、大数据分析等方式，全面评估便民生活圈的实际建设情况与服务要素需求。例如，通过社交媒体分析、手机信令数据等大数据分析技术，识别出不同年龄、职业、兴趣群体的日常活动热点与消费偏好，精准把握不同群体的生活服务需求。由街道组织座谈会听取社区居民、社区、企业、社会团体等各方主体对便民生活圈建设的意见。同时，组织专业团队深入社区，开展面对面访谈与问卷调查，收集居民对于便利店、餐饮、教育、医疗、休闲娱乐等方面的具体需求与建议。结合既有服务要素的

功能规模、运营情况和居民需求，查找服务盲区，形成问题清单。

②制定空间方案。针对各类问题明确便民生活圈的发展目标和关键策略，筛选出重点完善的便民服务功能和营造的特色场景。挖掘潜力空间资源，针对性完善各类服务要素内容，补足缺口；契合服务对象、出行规律及使用频率等要求，统筹时空关系，优化空间布局，合理规划服务设施点位，形成"15分钟步行可达"的便捷网络。

在服务设施配置方案层面，深入挖掘社区自然环境、历史风貌等资源，适应未来人口结构变化趋势，构建特色生活服务场景。例如，在老旧社区周边增设幸福长者食堂、老年活动室等设施，推进无障碍和老人友好型设计，营造适老康养场景。在新建社区配置年轻人喜爱的咖啡馆、健身房等休闲场所，拓展消费新业态新模式，营造青年友好场景。

③推进行动计划。结合空间方案梳理项目清单。结合需求紧迫性、实施难易度和实施主体积极性等因素，形成分阶段建设目标和年度行动计划，落实实施主体和经费。对接市、区、各部门老旧小区改造和城市更新行动等工作计划，推动项目实施。

按照新建项目、细节优化、功能增补三种类型推动项目实施。新建项目即居民确有需求，但目前生活圈内没有相应服务要素，按标准新建项目，配备相关功能，如新建生鲜超市、快递服务点等。细节优化即对已有设施的功能空间和设施等要素进行微改造，如增加相关标识、植入智能设施等。功能增补即对已有但不满足需求的设施进行整体改造，如改造社区党群服务中心，嵌入养老、文体、体育等服务。

④动态跟踪评估。利用大数据等信息与智慧技术，依托沈城生活圈平台动态跟踪服务要素的运营情况和需求反馈，定期开展评估，及时调整实施方案及行动计划，确保便民生活圈能够贴近居民需求。例如，针对居民反映的某些服务设施不足或服务质量不高的问题，及时增设或改进相关设施；针对新兴业态的兴起与居民消费习惯的变化，适时调整业态布局与经营策略等。

4.4.3　实施方案的编制实践

作为首批试点生活圈，黄河街道率先开展了实施方案编制实践，探索生活圈实施方案的编制方法、实施路径和治理机制。采用"协作式规划"的方式编制实施方案，组建以黄河街道、社区居委会等为主体，社区居民、社会组织、专家等多方参与的行动机制，凝聚多方主体共建合力。

1）系统评估、厘清问题

黄河街道便民生活圈位于皇姑区，东至北陵大街，南至昆山路，西至怒江街，北至崇山路。常住人口9.8万人，老龄化比例40%，具有典型的老城区特征（图4-38）。

采取现场调研、问卷调查、网络平台、手机信令等多种方式获取及时准确的数据，将多元数据进行整理、筛选、分析，重点从人口特征、服务设施、

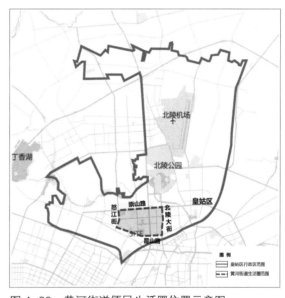

图4-38　黄河街道便民生活圈位置示意图

建筑、道路交通和公共空间等方面进行系统评估。

人口特征方面，黄河街道便民生活圈内人群的年龄结构具有全龄段均衡化的特征，学龄儿童和青年白领较多，老年人口占比大。人群需求呈现出就学、就业和生活需求多元化的特征。

服务设施方面，基础公共服务设施短板明显，虽然医疗教育设施充裕，但养老设施数量不足，品质不高；商业设施以集聚式形态为主，集中分布在北行商业街，其历史悠久，虽曾作为市级三大商业街之一，但当前以基础保障类业

态为主，难以满足人群的高品质生活需求。

建筑方面，有历史、有文化、具有可挖掘的历史建筑、品牌和可追溯的老皇姑味道的生活氛围。建筑功能单一，使用价值受到限制，人文记忆慢慢被遗忘，难以感知。

道路交通方面，大量机动车侵占人行道导致慢行系统不连续。公共空间方面，现状仅有4处公园绿地，开敞空间匮乏，难以满足居民的休闲健身需求（图4-39）。

业态大众化，缺乏特色　　　　　沿街业态丰富，品类齐全

北京华联停业，界面消极，产生负面影响　　　沿街店铺闲置

图4-39　黄河街道便民生活圈业态现状

基于系统评估，形成黄河街道便民生活圈的服务短板问题清单，可以归纳为"四有四少"，有公服基础，少养老设施；有丰富业态，少特色品质；有顺畅车行，少品质慢行；有步行网络，少多样空间（表4-14）。

黄河街道便民生活圈评估调查要素与短板问题清单　　表 4-14

调查要素	要素细分	调查内容	短板问题
居民需求	人口特征	年龄结构、收入分布、出行状况、职业分布、教育水平、消费水平	60 岁以上老人占比达到 40%，为老服务不足
	现状评价	社区配套服务满意度、社区环境满意度	希望增加文化、体育设施，提升养老设施服务和品质；需增加户外健身活动场地、老年活动室
	社区认知	社区设施使用频率、社区设施存在的问题	设施不足、质量不高
	问题及愿景	居民希望近期改造的设施、公共空间等项目	道路绿化、休憩座椅等街道家具
公共要素	服务设施	行政、文化、体育、卫生、养老、商业、基础教育设施的规模及分布情况	教育设施资源充足优质，但文化、体育设施存在缺口，养老设施亟待提升；社区商业设施业态结构不合理，缺少特色，品质亟待提升
	历史资源	地区发展历史沿革	历史文化资源丰富，但有待挖掘潜在价值
	建筑	建筑功能、高度、质量、风貌	老旧建筑亟待改造
	土地使用	可挖潜用地	闲置楼宇影响片区活力氛围，亟待提升土地价值
	道路交通	主次支路、慢行网络系统、停车设施	人行道被侵占，缺少城市家具，缺少品质慢行环境
	公共空间	公园绿地、小广场、其他活动场地分布情况规模及分布情况	缺乏公园绿地、小广场等多样化的公共活动空间

2）确立目标，制定方案

基于片区突出的文化和商业属性，提出打造"活力多彩、文商繁荣"的便民生活圈建设目标。识别关键要素，针对短板问题提出四大规划策略，量身定制建设方案。

一是补设施，将设施优化与增补清单进行空间落位，精准补建，让人们的生活更方便快捷（表 4-15、表 4-16）。

基本保障类设施优化与增补清单   表4-15

类别	名称	数量（处）
便民商业服务设施	便利店	3
	综合超市	1
	生鲜超市	2
	早餐店	3
	餐饮设施	8
基本公共服务设施	综合文化活动中心	1
	综合为老服务中心	1
	幼儿园	1

品质提升类设施优化与增补清单   表4-16

类别	名称	数量（处）
便民商业服务设施	蛋糕烘焙店	2
	茶艺咖啡店	2
	宠物服务站	1
基本公共服务设施	城市书房	1
	小型公园	5
	小广场	3

对存量用地进行梳理后发现，可改造地块有 7 处，共 11.8hm^2。通过可改造地块更新，集中增加具有一定规模的综合型服务设施，发挥聚集效应。对于现状闲置的场地及建筑，进行统一的梳理与统筹，查漏补缺增加服务设施（图4-40、图4-41）。

二是优业态，以艺术介入生活圈营造，打造"艺术＋文化＋生活＋商业"的多元融合的便民生活圈，让体验更人文有趣。

三是理网络，梳理慢行网络，打造人行无中断、骑行无阻碍的绿道系统，让人的慢行更舒适。按街道类型进行道路断面优化设计，提升慢行功能与品质。1 个路段新增人行道，2 个路段取消路边停车，3 个路段补充道路绿化（图4-42）。

- **7**处可改造地块
- 用地面积共**11.8**hm²

图 4-40　可改造用地

利用G-7地块的改造，"一站式"邻里中心，提供文化、体育、为老、托幼服务等，同时集中增补基础保障和品质提升型的社区商业设施。

利用G-2地块的改造，配置社区党群服务中心，通过"嵌入式"方式增加综合为老服务中心，满足老年人的高品质为老服务需求。

图 4-41　黄河街道便民生活圈业态现状

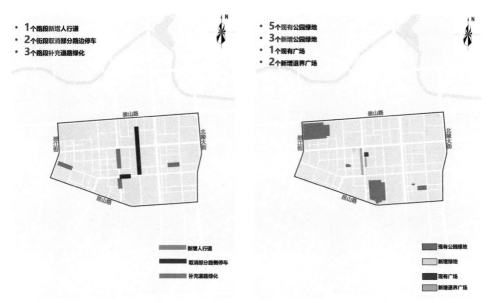

图 4-42　慢行系统优化布局图　　　　图 4-43　开敞空间规划布局图

　　四是塑节点，塑造公共空间节点，增加社区公园和小广场，让人的活动更复合多样。提升现有公园绿地空间品质，并增加 3 个社区公园和 2 处小广场，实现居民 5 分钟见绿，提供多样化开放式场地，激发多样的公共行为和活动（图4-43）。

3）制定计划，推进行动

　　基于总体建设方案，综合考虑需求紧迫度、实施主体积极性、实施难易度等因素，确定"邻里之家计划""街区漫游计划""便民生活节计划"等三大行动计划，打通实施路径，鼓励公众参与，明确具体工作。推动小微设施改造、慢行步道连通、小广场美化等一系列项目的实施落地，通过行动项目的快速推进，让居民切身感受到了看得见的改变，提升居民对社区规划的信心，有助于后续空间策略的实施落地。

　　"邻里之家计划"以北行邻里中心、社区党群服务中心两个先行项目为抓手，补齐服务缺口，提升服务品质。"街区漫游计划"以街区慢行步道体系品质提升为抓手，以线性网络串联公共服务。"便民生活节计划"以促进邻里友爱互助为导向，培育社区自治组织，策划公共艺术活动，以小广场与邻里设施的全覆盖与均等化布局为抓手，使得居住空间与人的生活习惯和使用需求相适应。聚焦三大行动计划，形成行动列表，梳理新建、改建两类建设任务，以及实施路径和空间供给方式，最终形成指导实施的行动列表（表4-17）。

黄河街道便民生活圈行动计划表　　　　表4-17

行动计划	项目名称	实施内容	实施路径
邻里之家计划	北行邻里中心	结合长江街老北行核心区功能优化，依托华联地块更新改造建设"一站式"邻里中心，涵盖社区行政、文化、体育、医疗、商业等设施	存量更新
	社区党群服务中心	配置社区党群服务中心，通过"嵌入式"方式增加综合为老服务中心，满足老年人的高品质为老服务需求	小微改造
街区漫游计划	慢行步道	改造长江街、嘉陵江街、岐山中路、天山路、珠江街、泰山路等三横三纵六条街道，关注步行环境、开放界面友好、街道家具等	改造挖潜
便民生活节计划	小型公共空间微更新	结合口袋公园建设计划，挖掘尺度宜人的小型公共空间	小微改造
	邻里级设施全覆盖	嵌入式布局社区书屋、睦邻中心、幸福长者食堂、便民服务点等邻里级设施	小微改造
	社区自治组织培育	社区规划师制度	—
	公共艺术活动策划	举办文化音乐节、生态科普月、传统美食汇系列主题活动	—

第5章 沈阳一刻钟便民生活圈工作机制建立

5.1 建立工作机制

便民生活圈建设采取"全市联动、统筹部署、共同缔造"的工作方式，构建市政府、区政府、市直机关、街道社区联动的工作机制。由沈阳市商务局牵头组织专题会、座谈会、培训会等多种方式，统一思想，统一认识，统筹安排。实现市区街道纵向触底，部门企业横向联合的整体行动，整合全市生活圈相关主管部门共同制定建设方案。

1）建立党建引领机制

一是加强党建引领。组建街区党建联盟，在街道、社区党组织领导下，联合业委会、物业、商家等，整合各方资源，补齐便民服务业态。在便民服务、应急保供、社区治理等方面发挥街区党建联盟的党组织作用。以"党建引领、政府引导、市场化运作"方式，开展社区商业综合体运营、社区商业规划、社区公益等工作，实现社区党建引领下的社区商业良性循环。

二是加强议事协商。街道、社区等基层党组织通过召开圆桌会、议事会、座谈会，听取居民意见和急难愁盼的问题，做到问需于民。

三是加强集体决策。针对规划设计、项目建设、预算投资、政策支持等重大事项，按程序依法进行集体决策。

2）建立便民生活圈工作协调机制

一是市级相关职能部门建立多部门协调联动推进机制，组建"沈阳市一刻钟便民生活圈试点建设联席会议制度"，定期就有关工作事项召开协调专题会，形成政策合力，共同解决工作推进中遇到的政策性难题，落实支持政策，优化营商环境，共同推动便民生活圈健康发展。

二是各区建立"联席会议"议事机构，组建以区长为组长，商务、发改、民政、财政、人社、自然资源、住建、文旅、卫健、市场监管、金融监管、体育、邮政等部门主要负责同志为成员的联席会议，办公室设在商务局，负责牵头推动相关工作，定期召开协调会、专题会、座谈会，解决瓶颈问题，研究保障政策，督促工作进度。

三是合理把握便民生活圈推进节奏，按照"试点带动、典型引路、全面推开"的路径，实行"两年试点、三年推广"，择优确定社区便民生活圈试点，落实"1+N"方案，逐步推广覆盖更多社区，并对标对表压茬推进、分批组织验收。在各试点便民生活圈实施方案编制的全过程中，与城乡社区服务体系建设、城市更新、城镇老旧小区改造、15分钟社区生活圈规划建设、完整社区建设试点等工作相衔接，同谋划、同选取、同推进，实现政策共用、成果共享。便民生活圈实施方案统筹考虑各部门的年度建设计划，包括老旧小区改造、口袋公园建设、街路更新改造、党群服务中心试点等建设项目，各部门协同制定项目清单，保障年度实施项目的可落地性。

3）建立长效实施机制

一是纳入市政府重点工作。沈阳2023年启动第二批一刻钟便民生活圈试点建设，2024年全力打造50个一刻钟便民生活圈，连续两年将便民生活圈建设

图 5-1 辽宁省城市一刻钟
便民生活圈试点建设交流会

列入沈阳市委、市政府年度重点工作、民生事项。主要领导、分管商务领导多次开展调研部署，并纳入市区两级年度目标考核任务，定期对相关部门工作推进情况进行考核。

二是树立典型样板。加强城市一刻钟便民生活圈建设典型案例和经验成效的宣传推广；组织召开现场经验交流会，推广典型先进经验（图 5-1）；对创建验收的便民生活圈进行授牌；组织媒体深入社区开展宣传报道。

三是将超市、便利店、菜市场等纳入保障民生、应急保供体系，将智能快件箱、快递末端综合服务场所等纳入公共服务基础设施。有条件的地方对微利、公益性业态给予房租减免、资金补贴等支持，为符合条件的企业提供金融服务。

四是支持引入专业化运营商，统一规划、统一招商、统一运营、统一管理，支持大型物业公司向民生领域延伸，拓展"物业＋生活服务"。

5.2 推动试点先行

沈阳市"十四五"期间，贯彻落实便民生活圈建设"两年试点，三年推广"要求，以市内九区为主体，制定行动计划，明确任务内容、责任分工和进度安排。

生活圈试点工作以"三上三下沟通、三区三类三定"体现方案的系统性、科学性。生活圈选址多次与区政府、市机关、街道沟通，综合考虑现状条件、区域特征、人口特征等客观因素确定。生活圈选址涵盖老城区、新城区、城乡接合部三种区位，分为培育圈、标准圈、品质圈三种类型。以可操作、可实施的年度建设任务为抓手，形成定位、定界、定量的建设任务体系和实施项目库。

5.2.1　科学化确定试点生活圈

试点生活圈选取遵循"六个结合"原则，即与居住商业远景规划相结合；与城市人口空间分布相结合；与城市规划核心板块相结合；与城市更新改造地块相结合；与城市街路更新改造相结合；与青年友好街区建设相结合。科学化确定第一批试点 10 个生活圈，第二批试点 40 个生活圈，具体情况如表 5-1 所示。"两年试点"期间建设 50 个生活圈，目标是形成可复制、可推广的实践经验，为"三年推广"期间实现中心城区便民生活圈全覆盖奠定坚实的实践基础。

沈阳市一刻钟便民生活圈试点情况汇总　　　　　　　　表 5-1

序号	辖区	第一批试点范围（10 个）	第二批试点社区（40 个）
1	和平区	北市场街道北市社区	马路湾街道嘉兴社区 南湖街道文安路社区 北市场街道大庆路社区 长白街道幸福里社区
2	沈河区	滨河街道红巾社区	南塔街道南塔社区 北站街道凯旋社区 朱剪炉街道迎新社区 五里河街道文翠社区

续表

序号	辖区	第一批试点范围（10个）	第二批试点社区（40个）
3	铁西区	昆明湖街道隆湖社区 笃工街道人民里社区	笃工街道北四中路社区 笃工街道北一社区 霁虹街道公和桥社区 兴华街道广场社区 兴华街道建云社区 大青街道锦绣社区 霁虹街道青年居易社区 大青街道中央大街社区
4	大东区	前进街道望花社区	东站街道铂悦社区 津桥街道河畔社区 万泉街道龙源社区 津桥街道如意社区
5	皇姑区	黄河街道北行社区	陵东街道富丽阳光社区 三台子街道乐山社区 明廉街道明北社区 陵东街道西窑社区
6	浑南区	白塔街道双深社区	浑河站东街道彩霞社区 五三街道金水花城社区 浑河站东街道明天广场社区 五三街道学城路社区
7	于洪区	城东湖街道水调歌城社区	城东湖街道碧桂园社区 城东湖街道凤凰街社区 城东湖街道星语社区 城东湖街道阳光一百社区
8	沈北新区	正良街道董城社区	正良街道良辅社区 道义街道人杰水岸社区 道义街道太湖社区 正良街道正良社区
9	苏家屯	中兴街道中兴社区	中兴街道奥园社区 中兴街道华府丹郡社区 中兴街道施官社区 中兴街道十里社区

5.2.2　精准化试点任务

以和平区文安路社区试点为例（图5-2）。

① 生活圈类型：老城区、标准圈。

② 四至范围：东至青年大街，西至三好街，南至沈水路，北至文体西路，占地面积约 67.9hm²。

③ 街道社区：隶属南湖街道文安路社区。涉及宏达新村、安检法小区、世茂五里河、世茂铂晶宫、恺丰园、体南小区、丽景花园、金碧花园、五里河家园、安康家园、文安苑、通达新村、中国北方航空城、金源新村、幸福大院小区、自治家园、德馨家园、桃李家园、乐善家园，共 19 个居住小区。

图 5-2 文安路社区生活圈范围

④ 现状生活圈设施：商业网点以街坊式形态为主。生活圈设施共 235 处，基础保障类设施共 152 处，占总设施数量 64.7%；品质提升类设施 83 处，占比为 35.3%。

⑤ 新改建生活圈设施：文安路社区新改建生活圈设施共 51 处，其中基本保障类 26 处，品质提升类 25 处（表 5-2）。

文安路社区新改建生活圈设施项目库　　　　　　　　　　　表 5-2

大类	类别	序号	设施名称	数量（处）
基本保障类	便民商业服务设施	1	便利店	2
		2	综合超市或超市	1
		3	菜市场	0
		4	生鲜超市（菜店）	1
		5	早餐店（早餐车）	2
		6	维修点	1
		7	洗染店	0

续表

大类	类别	序号	设施名称	数量（处）
基本保障类	便民商业服务设施	8	美容美发店	3
		9	照相文印店	1
		10	药店	1
		11	家政服务点	1
		12	邮政快递综合服务点	4
		13	智能回收点	2
		14	餐饮设施	5
	基本公共服务设施	15	社区党群服务中心（站）	0
		16	幼儿园	1
		17	社区养老服务设施（养老服务站）	0
		18	社区卫生服务中心（站）	0
		19	综合文化活动中心（综合文化站）	0
		20	公共绿地	1
品质提升类	便民商业服务设施	1	新式书店	2
		2	运动健身房	2
		3	特色餐饮店	6
		4	托育机构	4
		5	儿童托管机构	1
		6	保健养生店	1
		7	培训教育点	1
		8	蛋糕烘焙店	2
		9	旅游服务点	0
		10	鲜花礼品店	1
		11	茶艺咖啡店	2
		12	宠物服务站	1
		13	银行营业网点	0
		14	幸福长者食堂	1
	基本公共服务设施	15	城市书房（书屋）或文化驿站	1
		16	体育场（馆）或全民健身中心	0
		17	多功能运动场地	1

5.2.3　任务行动相结合

围绕建设实施"六大"任务，以开展生活圈建设配套"八大"行动。

优化布局任务：开展规划引领行动。系统性开展生活圈专项规划、技术导则、建设标准等顶层设计。

补齐短板任务：开展早餐进社区行动。以发展早餐网订柜（店）取、流动餐车、互联网＋、N业态＋、多元化经营等方式，提升早餐服务的总体质量水平，推动早餐供应更便捷、更丰富、更健康，满足市民多层次、快节奏生活需求。开展菜市场进社区行动。以农产品连锁店、农贸市场、生鲜超市、市区菜店等设施建设，构建农产品零售网络，发挥零售网点的"菜篮子"流通保供作用。

丰富业态任务：开展商超提升行动。以完善便民网络、优化商业业态、拓展服务消费、强化供应管理、推动商业融合等方式，发挥综合商超在生活圈建设的示范作用，推动商超由销售商品向引导生产流通和创新生活方式转变。开展居民服务提质增效行动。以品牌企业培育、职业技能培训、信用体系建设、分类分级监管等方式，规范家政、美容美发、洗染等居民服务行业发展。结合实际拓展一店多能、服务多元等新业态。

壮大市场任务：开展品牌化连锁化行动。以空间布局拓展、服务功能提升、供应链条优化、企业外埠拓展、域外企业落户等方式，提高品牌连锁店的规模化、智能化、便捷化，塑造多元化、品质化、特色化塑造品牌，进一步提升沈阳市便利店品牌化连锁化水平。

创新服务任务：开展电商进社区行动。推动美团、京东、苏宁等电商企业进驻城乡社区，引导和鼓励企业利用现有优势，结合社区新零售，开展自营店、加盟店、体验店、展示店等多形式O2O线下体验店，多渠道丰富居民日常消费形式，盘活"沉淀"流量。

规范经营任务：开展诚信经营行动。通过建立网上公示制度，加大信用信息归集公示力度，推进信用应用和信用监管体系建设，加强诚信宣传和诚信文化建设。

5.2.4 精细化责任分工

围绕"两年试点"工作明确市级责任分工、16个市直机关责任分工。

1）市级分工

市政府是试点实施主体，实行市长（区长）负责制。按商务部推进生活圈建设相关工作要求，统筹区域位置、商业形态明确试点社区选址；开展社区生活圈调查摸底，问需于民，问计于民；以目标导向、问题导向制定试点实施方案，协调支持政策，完善工作机制和管理制度；制定试点生活圈项目评价验收标准，对试点社区"满半年中期评估、满一年完工验收"。加强经验总结和成效宣传，定期在全市推广和交流经验。

2）部门分工

成立以市政府领导任组长，商务、自然资源、城乡建设、民政等部门负责同志为成员的城市一刻钟便民生活圈建设领导小组。成员单位依据职责职能，分工协同推进（表5-3）。

市直机关分工 表5-3

序号	单位	分工内容
1	市商务局	负责引导城市商业网点优化布局，制定城市"一刻钟"便民生活圈建设发展专项规划，建立便民生活圈建设、社区商业设施设置等规范标准，落实有关商贸业政策，指导各区推进试点便民生活圈制定试点工作方案。调度汇总试点工作进展情况，定期向市领导小组汇报工作情况，做好督查考核相关工作
2	市发改委	负责统筹服务业发展规划

序号	单位	分工内容
3	市民政局	结合践行"两邻"理念专项行动，负责完善便民生活圈居家养老、社区服务等公共服务设施，提升公共服务能力
4	市财政局	负责统筹财政资金，保障有关政策措施落实，支持便民生活圈丰富业态功能，完善公共服务能力
5	市人社局	负责落实创业担保贷款贴息政策，对符合条件的生活圈商户按规定落实就业补贴政策，对符合条件的生活圈企业按规定给予失业保险稳岗返还
6	市自然资源局	负责落实新建社区商业和综合服务设施与住宅建设同步。加大土地复合开发利用管理，合理转换用途
7	市城乡建设局	负责结合城市更新加强便民生活圈的基础设施和环境设施建设，配置满足不同类型及层次需求的日常基本保障性公共服务设施和公共空间
8	市房产局	结合城市老旧小区改造等城市更新工作，负责改善老旧小区生活环境，加强公共服务配套。强化物业服务企业管理，提升社区物业服务能力
9	市文旅局	负责加强便民生活圈的不可移动文物的保护，结合民俗特点，引入文创业态，加大文旅开发管理，提升便民生活圈文旅功能
10	市体育局	负责加强便民生活圈的体育设施建设管理，建设社区体育运动广场，配置基本健身器材，推进体育健身进社区
11	市税务局	负责落实国家关于服务业的税费优惠政策，落实生活性服务业增值税加计抵减及普惠性减税降费政策
12	市市场监管局	负责持续深化商事制度改革，优化企业开办服务，推广电子证照应用，加大住所与经营场所登记改革力度
13	市金融局	配合有关部门引导银行保险机构加大普惠金融支持力度
14	市邮政局	负责在便民生活圈社区快递服务点，规范快递服务企业经营行为，会同城建等部门，设置共享仓，提升便民生活圈末端投送能力

5.3　开展评估考核

5.3.1　构建"达标＋挂牌"考评体系

生活圈的实施与建设并非一蹴而就的过程，为实现城市生活圈全面建设、整体品质升级的目标，需要持续投入以及科学管理。其至关重要的保障是在实施过程中建立合适的考评体系监督与鼓励生活圈的建设。

沈阳市一刻钟便民生活圈建设构建了"达标+挂牌"考评体系，"达标"考评指围绕便民生活圈建设的目标，形成顶层设计、组织实施、政策保障、营商环境、建设成效等五类评价指标，作为宽门槛底线，要求考评对象必须达标；"挂牌"考评指围绕人文魅力、适老康养、青年友好、稚龄成长、生态宜居、智慧治理等六大特色场景建设目标，要求考评对象进行自主申报。

　　建立这样既有底线要求又有自主申报的"达标+挂牌"的考评体系，不仅是为了确保沈阳市生活圈的建设在推进过程中稳定发展，更是为了激发和鼓励各生活圈建设中要进行特色与亮点上的创新与突破，推动沈阳市生活圈建设的整体进步。

　　同时在考评过程中，应坚持公平、公正、公开的原则，确保考评结果的客观性和公信力。同时，考评结果也应及时反馈给各生活圈实施建设主体，帮助他们了解自身的优势与不足，为下一步的发展提供指导。

5.3.2　考评对象

　　在两年试点期间，针对试点一刻钟便民生活圈进行建设实施验收考评；在三年推广期间，首先针对列入实施计划的一刻钟便民生活圈进行考评；在试点与推广期结束后，每年需对上一年列入建设实施计划的一刻钟便民生活圈进行考评。

5.3.3　考评标准

　　"达标"考评的五类评价指标总分值共计100分，要求考评对象必须达到60分以上，视为达标，达标考评具体评分细则如表5-4所示。

试点验收评价指标体系　　　　表 5-4

序号	评价指标	指标要求	所需评价材料	指标类型	分值	评分说明
1	顶层设计（15分）	制定试点便民生活圈专项规划和实施方案，科学合理，操作性强，体现因地制宜和发展特色	专项规划或实施方案	定性指标	5	有规划得5分，无规划0分
2		基础保障业态配置不少于12种	现状调研及建设任务汇总表	定量指标	6	配建一类得0.5分，最多6分
3		根据试点区域内人口结构，配建不少于8种品质提升业态	现状调研及建设任务汇总表	定量指标	4	配建一类品质提升类业态得0.5分，最多4分
4	组织实施（20分）	建立社区责任规划师制度，加强协调，多部门共同推动，生活圈建设过程实现公众参与	相关记录和照片	定性指标	5	建立社区责任规划师制度，聘请社区规划师，得3分，建设过程中，居民参与得2分
5		通过问卷调查、社区访谈、现场摸查的方式，摸清有什么、缺什么、补什么、调什么	调查报告、现场影像资料	定性指标	4	多种方式开展现状调查，编制调查报告，得2分；明确现状社区商业设施短板，得2分
6		明确项目清单、责任分工和时间节点	专项规划或实施方案	定性指标	4	有工作任务分配表得2分明确项目清单、责任分工和时间节点得2分
7		建立健全制度，管理规范，督导指导，推进顺利，完成及时	管理制度文件	定性指标	4	建立健全制度，管理规范得4分
8		其他创新做法	相关记录和证明材料	定性指标	3	有一项创新做法得3分
9	政策保障（20分）	落实国家现有相关政策（规划、减税、降费、金融、就业等），能惠及生活圈经营主体和居民	相关记录和证明材料	定性指标	8	落实一项相关政策得4分，最多8分
10		出台支持政策，各部门形成政策合力	出台政策文件	定性指标	8	出台一项支持政策得4分，最多8分
11		其他创新政策	创新政策文件	定性指标	4	有一项创新政策得4分

续表

序号	评价指标	指标要求	所需评价材料	指标类型	分值	评分说明
12	营商环境（20分）	优化开办服务，简化相关手续	相关记录和证明材料	定性指标	4	优化开办服务，简化相关手续的，得4分
13		优化开业手续，如店铺装修和招牌设置实行备案承诺等	相关记录和证明材料	定性指标	4	优化开业相关手续的，得4分
14		包容审慎监管，处罚与教育相结合	相关记录和证明材料	定性指标	4	包容审慎监管，处罚与教育相结合的得4分
15		其他创新措施	相关记录和证明材料	定性指标	8	有一项创新措施的得4分，最多8分
16	建设成效（25分）	试点生活圈居民满意度达90%以上	每个生活圈抽样调查不少于50份，也可网上问卷调查。	定量指标	6	居民满意度达85%以上的，得3分；90%以上的，得6分
17		试点生活圈连锁店占商业网点数量的比例40%以上	试点进展情况台账	定量指标	6	连锁店比例30%以上的，得3分；40%以上的，得6分
18		补短板、带动就业、服务居民、拉动社会投资等效果良好	试点进展情况台账	定性指标	5	建设成效良好的，得5分
19		利用会议或培训等形式推广经验，扩大生活圈覆盖范围	相关记录和证明材料	定性指标	4	形成值得推广的建设经验的，得4分
20		利用各种手段加强工作宣传，社会反响较好	相关记录和证明材料	定性指标	4	进行便民圈建设宣传的，取得良好反应的，得4分
	合计				100	

　　"挂牌"考评的六个特色场景建设目标，是要求考评对象对自主申报的每一类特色场景，其生活圈建设满足特色场景设施配置清单中的设施配置类型达到60%以上，并满足服务覆盖性要求，即可通过考评，满足一类特色场景建设则授予一类挂牌奖励及相应的政策支持。

5.3.4　考评流程

一刻钟便民生活圈考核验收按照提报考评材料、材料审查核实、达标挂牌评审、结果认定公示、特色场景授牌等五个考评程序实施。

①提报考评材料。由考评对象所在区商务部门制作考核材料,提交市商务局。提报材料包括但不限于:调查报告、试点便民生活圈实施方案、社区商业网点台账及相关影像资料和记录等。

②材料审查核实。由市商务局或委托相关评估机构,根据材料提报清单及要求,审查资料是否完整。根据实际情况,开展相关人员座谈、实地走访等,对生活圈建设情况进行核实,确保评价资料真实可靠。

③达标挂牌评审。组建专家评估委员会,负责开展一刻钟便民生活圈的考核验收工作:要求评审小组人数不少于 3 人,包括商业经济、城市规划、社会学等领域。由评估委员会通过查阅和审议提报资料等方式,按照"达标 + 挂牌"考核指标体系逐项进行评审评分,计算达标考核指标的各项评价分值和总分值,并评估是否满足特色场景挂牌考核指标要求。

④结果认定公示。由商务局对评审结果进行认定,通过认定的评审结果进行公示,公示期为 5 个工作日。公示期内有异议的,由商务局组织复议。

⑤特色场景授牌。公示期满无异议和通过复议的,由商务局授予便民生活圈特色场景牌和证书,并向社会公布。

5.3.5　材料要求

考评材料要求包括便民生活圈调查报告、便民生活圈专项规划和实施方案、社区商业网点台账及相关的实施前后对比影像资料和记录等文字材料。各区还需承诺调查报告、实施方案、台账、相关记录 / 图片等资料真实有效。

1）便民生活圈调查报告

便民生活圈调查报告至少包括生活圈发展现状、建设需求、短板问题清单以及下一步工作建议等内容。

①便民生活圈发展现状要通过现场摸查的方式，摸清便民生活圈现状有什么、缺什么，需要补什么、调什么。尽量有具体的数据进行支撑，具体数据包括调研形式、便民圈人口情况、社区商业网点数量等。

②便民生活圈建设需求需要采用多种方法听取民意，包括社区居民访谈、问卷调查，公众微信意见收集等方式，收集社区居民、街道、社区、企业、社团等群体意见和诉求。

③短板问题清单的形成需要通过梳理便民生活圈现状"缺什么""补什么"进行确定。并结合公众需求、建议明确其急迫程度，将问题分类归纳，所反映的问题需明确到具体的小区、项目位置等详细信息（表5-5）。

便民生活圈服务要素短板清单样例 表5-5

调查要素	细分要素	调查内容	短板问题	急迫度
服务要素	服务设施	社区商业设施的规模及分布情况	社区商业设施业态结构不合理缺少特色，品质亟待提升	★★★
	历史资源	地区发展历史沿革	历史文化资源丰富，但有待挖掘潜在价值	★
	……	……	……	……
居民需求	人口特征	年龄结构、收入分布、出行状况、职业分布、教育水平、消费水平	60岁以上老人占比达到40%，老年服务不足	★★★
	问题及愿景	居民希望近期改造的设施公共空间等项目	希望提升养老设施服务和品质；增加户外健身活动场地、老年活动室	★★

④便民圈建设的相关建议，建议结合街路更新、老旧小区改造、口袋公园建设等工作，以及便民圈短板问题清单，形成切实可行的优化清单。

2）便民生活圈专项规划和实施方案

具体方案可由便民生活圈所在区商务主管部门组织编制，重点确定发展目标，形成任务清单。至少包括便民圈概况、发展定位、特色场景营造以及主要任务等内容。

①便民生活圈概况需要对社区所处城市具体区位、用地规模、人口情况、社区商业发展情况、资源特色及存在不足进行阐述。

②便民生活圈发展定位需要结合城市发展定位，与上位规划衔接，并结合本社区资源优势与特点，明确便民圈总体定位、发展目标和预期成效。

③特色场景营造需要结合便民生活圈内人群结构、资源禀赋、居民需求、发展目标等多方面因素，营造特色场景，参照特色场景建设要求拆解为具体的项目、空间落位以及形成服务、活动策划方案。例如老年人比例较高的生活圈，建议营造适老康养特色场景，注重为老服务设施建设。

④按照目标导向、问题导向和项目导向相结合的原则，根据便民生活圈发展目标，围绕科学优化布局、补齐设施短板、丰富商业业态、壮大市场主体、引导规范经营等方面提出新建设施和改造提升的主要任务，要求以表格形式列明试点期间的重点工作任务，具体内容如表 5-6 所示。

便民生活圈服务要素短板清单样例　　　　　　　　表 5-6

序号	项目名称	具体内容	启动时间	完成时间	责任主体	资金来源	进展情况	实施路径
1	"一站式"邻里中心	结合长江街老北行核心区功能优化，依托华联地块更新改造建设"一站式"邻里中心，涵盖社区行政、文化、体育、医疗、商业等设施	2021年	2022年	开发商	开发商	控详调整已批复	存量更新
2	社区生活服务中心	利用现状闲置楼宇设置生活服务中心，建筑面积约 1520m^2；结合周边围墙美化工程	2022年	2023年	开发商	开发商	服务中心方案确定	改造挖潜

3）其他证明材料

社区商业网点台账及相关的实施前后对比影像资料和记录是针对特色场景建设，要求提供设施建设和服务活动汇总表以及建设前后对比照片、提供服务或组织活动的现场影像资料（表 5-7）。

特色场景设施建设和服务活动汇总表 　　　表 5-7

特色场景类型	序号	设施名称	地址	提供服务或组织活动内容	建设前后对比照片编号	活动现场影像资料编号
适老康养场景	1	老年食堂	XXXX	提供助餐服务	SLKY-SH-01	SLKY-FW-01
	2	社区卫生站	XXXX	医疗服务、健康动态监测、意外紧急呼叫	SLKY-SH-02	SLKY-FW-02
	3	日间照料站	XXXX	六助服务	SLKY-SH-03	SLKY-FW-03
	4	……	……	……	……	……

5.3.6　试点考核成果

按照《商务部办公厅关于开展全国首批城市一刻钟便民生活圈试点评估工作的通知》等文件要求内容，针对沈阳市一刻钟便民生活圈，按照《试点地区一刻钟便民生活圈建设工作评估指标计分表》中的顶层设计、组织实施、政策保障、营商环境、建设成效等五类评价指标，委托专业机构对沈阳市一刻钟便民生活圈试点社区进行评估与自评工作，评估结果见表 5-8、表 5-9。

试点地区一刻钟便民生活圈建设工作评估指标计分表 　　　表 5-8

序号	评价指标	指标要求	分值	得分
1	顶层设计（15分）	试点地区制定便民生活圈专项规划，与相关规划有效衔接	5	5
2		试点地区制定便民生活圈实施方案，科学合理、操作性强，体现因地制宜和发展特色	5	5
3		每年地级城市及直辖市的区建设5个生活圈，省会及计划单列市建设10个生活圈，符合要求得3分。数超一倍以上得5分	5	5

续表

序号	评价指标	指标要求	分值	得分
4	组织实施（20分）	实行市长（区长）负责制，加强协调，多部门共同推动	5	5
5		开展摸底调查，摸清有什么、缺什么，补什么、调什么	4	4
6		每个生活圈有子方案，一圈一策，接地气、有特色，明确项目清单、责任分工和时间节点	4	4
7		建立健全制度，加强规范管理，开展督促指导，工作推进顺利，及时完成任务	4	4
8		其他创新做法	3	3
9	政策保障（15分）	落实国家现有相关政策（规划、减税、降费、金融就业等），能惠及生活圈经营主体和居民	7	7
10		出台地方支持政策（用房、财政、融等），各部门形成政策合力	7	7
11		其他创新政策	6	6
12	营商环境（20分）	优化开办服务，简化相关手续	5	5
13		优化开业手续，如店铺装修和招牌设置实行备案承诺等	4	4
14		包容审慎监管，处罚与教育相结合	5	5
15		其他创新措施	6	6
16	建设成效（25分）	试点生活圈居民满意度达90%以上	6	6
17		试点生活圈连锁店占商业网点数量的比例达30%以上	4	4
18		补齐短板、带动就业、服务居民、拉动社会投等效果良好	7	7
19		利用会议或培训等形式推广经验，扩大生活圈覆盖范围	4	4
20		利用各种手段加强工作宣传，社会反响较好	4	4
21	合计		100	100
	说明	1.此表供各省级商务主管部门对试点地区完成任务整体情况进行评估时参考，在试点两年周期结束后报送商务部。85分以上为优秀，70～85分为良好，60～70分为合格。2.本表盖省级商务主管部门章		

沈阳市首批、第二批 50 个试点生活圈评估结果表　　　表 5-9

序号	行政区	试点批次	所属街道	试点社区	特色场景评估情况	分数
1	和平区	首批试点	北市场街道	北市社区	人文魅力场景	92
2		二批试点	马路湾街道	嘉兴社区	青年友好场景	78
3			南湖街道	文安路社区	适老康养场景	88
4			北市场街道	大庆路社区	青年友好场景	78
5			长白街道	幸福里社区	稚龄成长场景	88
6	沈河区	首批试点	滨河街道	红巾社区	适老康养场景	81
7		二批试点	南塔街道	南塔社区	适老康养场景	88
8			北站街道	凯旋社区	适老康养场景、人文魅力场景	93
9			五里河街道	文翠社区	青年友好场景	93
10			朱剪炉街道	迎新社区	稚龄成长场景	73
11	铁西区	首批试点	昆明湖街道	隆湖社区	稚龄成长场景	69
12			笃工街道	人民里社区	人文魅力场景	80
13		二批试点	兴华街道	建云社区	稚龄成长场景	87
14			兴华街道	广场社区	适老康养场景	83
15			笃工街道	北一中路社区	青年友好场景	91
16			笃工街道	北四路社区	青年友好场景	95
17			霁虹街道	公和桥社区	生态宜居场景、智慧治理场景、适老康养场景、青年友好场景、稚龄成长场景	88
18			霁虹街道	青年居易社区	稚龄成长场景	88
19			大青中朝友谊街道	锦绣天地社区	稚龄成长场景	91
20			大青中朝友谊街道	中央大街社区	生态宜居场景、稚龄成长场景	86
21	大东区	首批试点	前进街道	东榉社区	稚龄成长场景	95
22		二批试点	万泉街道	龙源社区	生态宜居场景	94
23			津桥街道	如意社区	生态宜居场景、适老康养场景	95
24			津桥街道	河畔社区	生态宜居场景、适老康养场景	95
25			东站街道	铂悦社区	稚龄成长场景	97

续表

序号	行政区	试点批次	所属街道	试点社区	特色场景评估情况	分数
26	皇姑区	首批试点	黄河街道	北行社区	稚龄成长场景	86
27		二批试点	陵东街道	西窑社区	稚龄成长场景	70
28			陵东街道	富丽阳光社区	稚龄成长场景	76
29			明廉街道	明北社区	适老康养场景	94
30			三台子街道	乐山社区	稚龄成长场景	94
31	浑南区	首批试点	白塔街道	双深社区	生态宜居场景	100
32		二批试点	五三街道	天成社区（金水花城社区）	智慧治理场景	78
33			五三街道	学城路社区	人文魅力场景	96
34			浑河站东街道	明天广场社区	青年友好场景	89
35			浑河站东街道	彩霞社区	适老康养场景、稚龄成长场景	100
36	于洪区	首批试点	城东湖街道	水调歌城社区	适老康养场景	94
37		二批试点	城东湖街道	阳光一百社区	适老康养场景	97
38			城东湖街道	凤凰街社区	青年友好场景	89
39			城东湖街道	碧桂园社区	稚龄成长场景	94
40			城东湖街道	星语社区	稚龄成长场景	92
41	沈北新区	首批试点	正良街道	董城社区	稚龄成长场景	81
42		二批试点	道义街道	人杰水岸社区	人文魅力场景、生态宜居场景	92
43			道义街道	太湖社区	生态宜居场景	72
44			正良街道	良辅社区	稚龄成长场景	87
45			正良街道	正良社区	稚龄成长场景	82
46	苏家屯区	首批试点	民主街道	南营子社区	稚龄成长场景	74
47		二批试点	中兴街道	施官社区	生态宜居场景	70
48			中兴街道	华府丹郡社区	生态宜居场景	83
49			中兴街道	奥园社区	生态宜居场景	72.5
50			中兴街道	十里社区	稚龄成长场景	70.5

经过评估上报，商务部等 12 部门办公厅（室）印发《关于推广全国首批城市一刻钟便民生活圈试点经验及开展第四批全国试点，首批全域推进先行区试点申报工作的通知》，对首批试点提出共 5 个方面、22 项做法的经验进行推广。

其中提出以沈阳为代表地区的经验做法得到省市党委、政府高度重视，主要负责同志亲自部署，高位推动便民生活圈建设；服务"一老一小"，全面开展便民生活圈建设；统筹好商务和其他部门工作，加强政策集成，形成工作合力；开展便民生活节，按照"政府搭台、企业唱戏、多方联动、居民受益"方式，聚焦品质服务进社区，因地制宜开展多样的便民服务主题活动等内容。

5.4 完善政策保障

沈阳市积极响应并深入贯彻国家关于提升民生福祉、优化城市服务体系的各项政策精神，全市上下凝心聚力，各部门间构建起高效协同的工作机制，共同推动便民生活圈管理的精细化与智能化发展。在这一进程中，沈阳市不仅聚焦于政策体系的完善，还注重政策的创新与实践，力求通过多维度、深层次的民生工作，切实提升市民的获得感、幸福感和安全感。

在宏观建设指引方面。沈阳市政府先后制定并发布了《沈阳市"十四五"城乡社区服务体系建设规划（2023—2025 年）》《沈阳市完整社区建设试点工作实施方案》等一系列政策文件，旨在通过打造一批功能完善、环境宜居、管理有序的示范社区，引领和带动全市社区服务水平的整体提升。

在建设工作标准方面。出台《沈阳市居住配套公共服务设施管理办法》《沈阳市人民政府办公厅关于印发沈阳市加快推进基层综合性文化服务中心建设实施方案的通知》等文件，进一步细化了公共服务设施管理与运营标准，加速了基层文化服务设施的建设与升级，丰富了社区居民的精神文化生活，使便民生活圈建设工作的开展与老旧小区改造、城市更新工作等相结合，合力保障便民生活圈的建设，实现基层工作的减负增效。

在营商环境保障方面。出台了《沈阳市商务局沈阳市财政局关于印发沈阳市加快发展流通促进商业消费的若干政策措施的通知》等文件，通过财政补贴、贷款贴息等多种方式，积极扶持小微企业和个体工商户的发展，降低了市场主体的运营成本，激发了市场活力。特别是《沈阳市"首贷户"贷款贴息实施细则》的实施，有效缓解了初创企业和小微企业融资难、融资贵的问题，为便民生活圈内各类经营主体提供了强有力的金融支持。

在数字技术保障方面。沈阳市充分利用"互联网＋政务服务"平台推进政策落实，如"辽事通"App，实现了市场主体登记等业务的掌上办理，极大地简化了办事流程，提高了服务效率。这一举措打破了传统政务服务在时间、地点和设备上的限制，让企业和群众能够随时随地享受到便捷高效的政务服务，进一步推动了营商环境的持续优化和基层工作的减负增效，为构建宜居宜业宜游的现代化城市生活圈奠定了坚实基础。

第6章 沈阳一刻钟便民生活圈技术赋能探索

6.1 技术集成辅助规划建设

坚持"问需于民、问计于民""一圈一策"的原则，便民生活圈规划建设首先要摸清"有什么、缺什么"，进而研究"补什么、如何补"。针对上述四个关键问题，沈阳探索利用现代信息化手段，实现高效协同采集数据、智能评估设施缺口、快捷调查公众诉求、数据模型辅助设施布局。

6.1.1 应用调研软件高效采集数据，摸清有什么

1）调研工作目标

为提高沈阳市一刻钟便民生活圈建设专项规划编制的科学性、可操作性、可实施性，市商务局组织开展首批试点便民生活圈所在街道的现状设施调研工作，调查便民生活圈服务设施的数量、分布、类型、规模等数据，摸清沈阳市社区商业设施现状。

2）调研方法与工具

采取现场踏勘，记录便民生活圈服务设施的具体位置、规模、经营状况等。通过引入第三方空间调研软件作为智能化辅助工具，实现现场调研无纸化，快速获取多源数据信息，提高团队协同效率，降低数据处理成本。

调研工具集成先进的数据采集、统计分析与可视化技术。把空间位置标绘、拍照、属性、形态等调研信息打包起来，可一键导出 shapefile、geojson 或 excel 格式的标准化调研成果，易于汇总、整理和分析。还具有调研团队管理和项目管理功能，满足多人协同调研，实时查看调研进度，检查数据质量，对不合格的要素及时补录等需求。该工具包括电脑网页端和手机端，在电脑网页端可设计调研要素和配置要素属性，要素属性支持填空题、单选题、多选题、地图选点题和量表题等，通过手机端微信小程序开展现场调研。

3）调研设计

根据一刻钟便民生活圈建设专项规划编制需求，梳理调研设施类型，包括便民商业、教育、医疗卫生、养老、文化、体育、行政管理、公园绿地、公共交通等，并明确各项设施的属性信息和填写要求。为确保调研数据的质量，技术单位在调研工具电脑网页端配置了数据收集表单，尽量采用选择题，减少手动输入的数据量（表6-1~表6-10）。

便民商业设施数据收集表单　　　　　　　　　　　　　　　表6-1

题目	题目备注	题型	是否必填	选项
设施类型		单选题	必填	便利店|综合超市|早餐店|美容美发店|洗染店|药店|照相文印店|家政服务点|维修点|邮政快递综合服务点|餐饮店|商场|生鲜超市或菜市场|蛋糕烘焙店|新式书店|运动健身房|培训教育点|旅游服务点|保健养生店|鲜花礼品店|茶艺咖啡店|宠物服务站|社区食堂|

续表

题目	题目备注	题型	是否必填	选项
设施名称	大型商场请填写名称，较小的设施可不填写名称	填空题	非必填	
占地面积	若为独立占地式，请填写占地面积；若为附设式，可不填此项	填空题	非必填	
建筑面积		填空题	必填	
是否连锁		单选题	必填	是连锁店｜不是连锁店｜不确定
设施质量		量表题	必填	设施陈旧，质量差｜质量一般｜设施较新，质量好

教育设施数据收集表单　　　　　　　　　　　　　表 6-2

题目	题目备注	题型	是否必填	选项
设施类型		单选题	必填	幼儿园｜小学｜初中｜九年一贯制学校｜托儿所｜学龄儿童养育托管中心
设施名称		填空题	必填	
占地面积	若为独立占地式，请填写占地面积；若为附设式，可不填此项	填空题	非必填	
建筑面积		填空题	必填	
设施性质		单选题	必填	公办｜私立
班级数	学校设置多少个班级	填空题	非必填	
教师人数		填空题	非必填	
学生人数		填空题	非必填	

医疗卫生设施数据收集表单　　　　　　　　　　　　　　　　表 6-3

题目	题目备注	题型	是否必填	选项
设施类型		单选题	必填	卫生服务中心（社区医院）I社区卫生服务站I工疗康体服务中心I门诊部I综合医院I专科医院I中医院I妇幼保健院
设施名称		填空题	必填	
占地面积	若为独立占地式，请填写占地面积；若为附设式，可不填此项	填空题	非必填	
建筑面积		填空题	必填	
设施性质		单选题	必填	公办I私立
床位数		填空题	非必填	
执业医师数		填空题	非必填	

养老设施数据收集表单　　　　　　　　　　　　　　　　表 6-4

题目	题目备注	题型	是否必填	选项
设施类型		单选题	必填	养老院I老年养护院I综合为老服务中心I老年人日间照料中心（托老所）
设施名称		填空题	必填	
占地面积	若为独立占地式，请填写占地面积；若为附设式，可不填此项	填空题	非必填	
建筑面积		填空题	必填	
设施质量		量表题	必填	设施陈旧，质量差I质量一般I设施较新，质量好
床位数（张）		填空题	非必填	
入住率		单选题	非必填	几乎住满I有一定空置率I空置率较大

文化设施数据收集表单　　　　　　　　　　表6-5

题目	题目备注	题型	是否必填	选项
设施类型		单选题	必填	文化广场|文化馆、文化宫|文化活动中心|社区文化中心|文化活动站
设施名称		填空题	必填	
占地面积	若为独立占地式，请填写占地面积；若为附设式，可不填此项	填空题	非必填	
建筑面积		填空题	必填	
设施质量		量表题	必填	设施陈旧，质量差|质量一般|设施较新，质量好

体育设施数据收集表单　　　　　　　　　　表6-6

题目	题目备注	题型	是否必填	选项
设施类型		单选题	必填	体育馆|多功能运动场地|健身房|小型体育公园|健身步道|室外综合建设场地
设施名称		填空题	非必填	
占地面积	若为独立占地式，请填写占地面积；若为附设式，可不填此项	填空题	非必填	
建筑面积		填空题	非必填	
设施质量		量表题	必填	设施陈旧，质量差|质量一般|设施较新，质量好

行政管理设施数据收集表单　　　　　　　　表6-7

题目	题目备注	题型	是否必填	选项
设施类型		单选题	必填	街道办事处|社区服务中心|社区服务站|综合服务站|警务室|派出所|司法所
设施名称		填空题	必填	

续表

题目	题目备注	题型	是否必填	选项
占地面积	若为独立占地式，请填写占地面积；若为附设式，可不填此项	填空题	非必填	
建筑面积		填空题	必填	
设施质量		量表题	必填	设施陈旧，质量差|质量一般|设施较新，质量好

公园绿地数据收集表单　　　　　表 6-8

题目	题型	是否必填	选项
设施类型	单选题	必填	城市公园|社区公园|口袋公园|小区游园
设施名称	填空题	非必填	
占地面积	填空题	必填	
设施质量	量表题	必填	设施陈旧，质量差|质量一般|设施较新，质量好

公共交通设施数据收集表单　　　　　表 6-9

题目	题目备注	题型	是否必填	选项
设施类型		单选题	必填	公交车站|轻轨站|机动车停车场（库）|非机动车停车场（库）
设施名称		填空题	非必填	
线路数	公交站请填写线路数量，例如2条，4条	填空题	非必填	1～3条|4～6条|7～9条|10条及以上
车位总数	停车场填写停车位数量	单选题	非必填	50条以内|51～100条|101～200条|201～300条|300条以上

其他设施数据收集表单 表6-10

题目	题目备注	题型	是否必填	选项
设施类型		单选题	非必填	再生资源回收点|生活垃圾收集站|公共厕所|智能快递柜
设施名称		填空题	非必填	
占地面积	若为独立占地式，请填写占地面积；若为附设式，可不填此项	填空题	非必填	
建筑面积		填空题	非必填	
设施质量		量表题	非必填	设施陈旧，质量差|质量一般|设施较新，质量好

　　市商务局组织技术单位对试点便民生活圈的调研人员开展培训，详解调研工具的使用方法与设施属性信息填写的具体要求，有效提升了调研工作人员的数据收集能力（图6-1）。

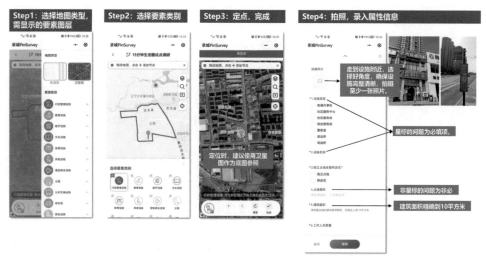

图6-1　调研工具使用方法培训

4）调研组织部署

摸查工作采取以"市商务局牵头、技术单位辅助、社区人员落实"的"部门统管、多线并进"工作模式。由市商务局作为主导力量，负责整体规划、协调资源及监督进度；技术单位提供技术支持，确保调研工具的稳定运行和数据采集的质量把控；而社区工作人员则依托深厚的社区基础和对居民需求的深入了解，成为实际调研的主力军。既避免摸查人员对社区了解程度不深导致对社区现状建设情况摸查不实，又避免由于社区工作人员的技术不足导致数据成果不规范、信息缺失等问题。

5）调研成果

调研工具的应用，不仅简化了数据收集流程，还实现了数据成果的标准化。所有收集到的数据均按照统一格式进行整理，便于后续的数据分析和应用。技术人员还能够快速识别出便民生活圈中的短板，为制定针对性的改进措施提供有力支撑。此外，智能化的数据收集方式还显著提高了现状信息收集与评估的效率，减少了人工误差，为规划编制提供了更加精准、全面的数据支撑（图6-2、图6-3）。

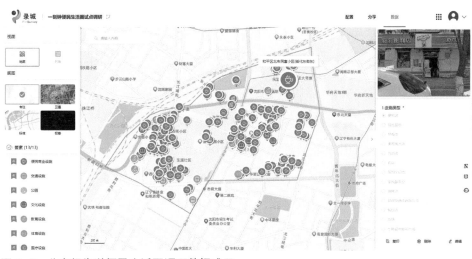

图 6-2　北市场街道便民生活圈调研数据成果

图 6-3　城东湖街道便民生活圈调研数据成果

6.1.2　采用空间分析精准识别缺口，研判"缺什么"

1）空间分析技术应用

整合现场摸查的设施数据和百度地图 POI 设施数据，以及多规合一"一张蓝图"平台的数据资源，包括道路网络、控详规划用地、居住小区、社区范围以及通过手机信令数据捕捉到的居民日常活动轨迹与行为模式，为分析提供了多维度、高精度的数据支撑。利用 GIS 空间分析技术，系统评估沈阳市便民生活圈服务现状建设短板，包括识别便民设施的空间分布特征、服务半径覆盖情况；对缺口进行量化评估，包括缺口类型、缺口规模及影响范围。

通过以上空间分析方法，深入剖析沈阳市当前生活圈服务设施的建设现状，不仅关注设施的数量与类型，更重视其分布的合理性、服务效率及居民的实际需求满足情况，结合数据统计分析，将居民需求与生活圈建设短板对比统计，精准定位了不同区域、不同时间段的居民服务需求热点，为便民生活圈的规划与建设提供高度科学、精准的指导。确保服务设施既能覆盖广泛，又能贴近居民实际需求，有效避免设施的超量配置或供给错配问题，实现资源的最大化利用，进一步提升居民生活的便利性和满意度。

2）构建缺口评估模型

便民生活圈注重打造居民家门口的便利生活，强调社区便民服务设施的可及性和可获得性。从需求和管理视角出发，开展便民生活圈社区商业设施配置缺口评估。从需求出发，以现状的居住小区和规划的居住地块等居民点为最基本的评估空间单元，通过评估居民在步行15分钟范围内能够获得的社区商业设施类型数量的多少，来识别需要补充的业态和亟须优化的区域。为便于实施管理，将居民点层次的评估结果汇总至社区层次，以社区为统计单元评估便民生活圈建设成效，据此对社区商业设施配置进行调整，制定建设任务。

考虑到居民在实际使用便民商业设施时并不受行政边界的限制，设施在不同的社区之间可共享使用，而距离是居民使用设施的最主要影响因素。因此采用移动搜索区进行社区商业设施评估，可以打破行政边界的限制。从设施可获性和便于实施管理出发，提出"社区—居住小区"两级单元统计分析框架，以居住小区为基本的计算空间单元，社区为综合评估单元。建立从居住小区开展便民商业设施配置水平的基础计算和评估，到社区空间单元的建设评估和实施管理工作的传导途径，即基于住宅小区的便民商业设施配置运算结果，汇总统计社区空间单元内部的住宅小区便民商业设施综合布局水平，以支持社区对便民商业设施规划、建设和实施管理。

根据《指南》业态配置要求，便民生活圈建设应优先配齐基本保障类业态，因地制宜发展品质提升类业态。其中，基本保障类业态在社区居民日常生活中必不可少，已建居住区按照"缺什么补什么"的原则优化网点配置；品质提升类业态可根据社区发展基础和居民需求渐进式完善。

在居住小区层次，采用基本保障类业态齐全度和品质提升类业态集聚度作为定量评价社区商业网点配置水平空间差异的指标，明确"缺什么"。在社区层次，

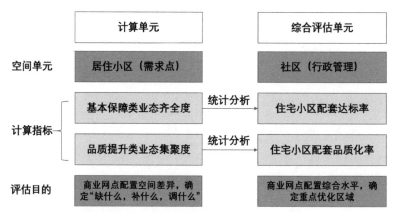

图6-4 便民生活圈社区商业设施配置缺口评估模型

以居住小区层次评价结果为基础进行统计分析，采用住宅小区配套达标率和住宅小区配套品质化率作为便民生活圈建设水平的综合评价指标，确定重点优化区域，进而制定建设项目任务清单（图6-4）。

（1）基本保障类业态齐全度

基本保障类业态齐全度是以居住地为中心，统计居民步行15分钟（1km范围内）可达的基本保障类业态的类型数量。一类设施赋值1分，根据可达设施类型数量划分为配置齐全、轻度缺乏、中度缺乏和重度缺乏四级（表6-11）。

基本保障类业态齐全度赋值与等级划分　　　　表6-11

居民可达基本保障类网点 类型数量（个）	基本保障类业态齐全度 等级划分
≥ 13	配置齐全
10 ~ 12	轻度缺乏
6 ~ 9	中度缺乏
≤ 5	重度缺乏

（2）品质提升类业态集聚度

品质提升类业态集聚度是以居民的居住地为中心，统计居民步行 15 分钟（1km 范围内）可到达的品质提升类商业网点的数量。根据可达设施数量定量测度品质提升类业态集聚度。若该住宅小区步行可达的设施数量较高，表示该住宅小区周边的设施布局较为集聚，居民获取设施服务更为便利。

（3）住宅小区配套达标率

基于《指南》关于便民生活圈配套设施的配置要求，设定若某一个住宅小区一公里范围内能够获得所有基本保障类业态，则认为该住宅小区为达标小区。住宅小区配套达标率用于计算评估社区空间单元内满足合格标准的住宅小区的占比，是反映评估对象的基本保障业态整体布局合格水平的综合性指标。达标率越高，代表评估对象的社区商业设施布局综合水平越高。

住宅小区配套达标率 = 达标小区数 / 社区内住宅小区总数 ×100%

（4）住宅小区配套品质化率

住宅小区配套品质化率是以社区空间单元为基本对象，根据该社区内各个住宅小区在 1km 半径内所覆盖到的品质提升类便民商业设施数量，选取并计算其平均值，表征该社区空间单元品质提升类业态综合水平。品质化率越高，代表该社区的品质提升类设施越集聚，品质化水平越高。

3）缺口评估与识别

基于便民生活圈社区商业设施配置缺口评估模型，首先对现状设施的布局特征进行分析，其次开展居住小区层级的基本保障类业态齐全度和品质提升类业态集聚度的量化分析，最后将居住小区层级的评估结果汇总统计至社区空间单元，得到"住宅小区配套达标率"和"住宅小区配套品质化率"两项反映社区层级整体建设水平的评估结果。

（1）现状社区商业设施分布特征

沈阳市中心城区现状商业网点总量约 11.8 万处，一环内网点密度平均 615.4

座 /km²，一二环间网点密度为 237.2 座 /km²，二三环间网点密度为 115.0 座 / km²，三环外网点密度仅为 43.3 座 /km²。商业网点分布在空间上与人口分布高度耦合，主要集聚于二环内，圈层式差异显著。

对便民商业设施的覆盖率进行分析，不同类型商业网点的覆盖率呈现较大差异。分析发现，基本保障类便民商业设施整体覆盖水平较高，但照相文印、家政服务、再生资源回收等服务覆盖率低于 70%，其中照相文印店 1km 服务覆盖率仅有 61.1%，家政服务点则更低，仅有 48.4%。社区微利薄利业态发展活力相对不足，市场调节失灵。二环内、二三环之间已建地区的便民生活圈功能完善度较高，服务盲区较少；各类设施的服务盲区主要集中在三环外地区（图 6-5、图 6-6）。

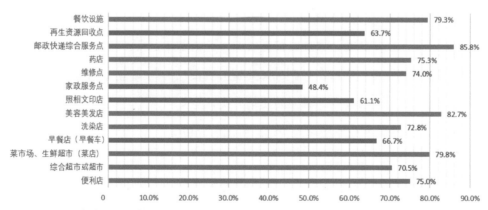

图 6-5　沈阳市中心城区基本保障类业态服务覆盖率

a 照相文印店服务覆盖率

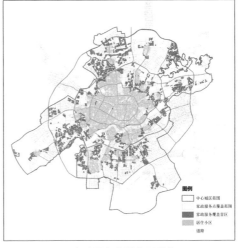

b 家政服务点服务覆盖率

c 美容美发店店服务覆盖率

d 餐饮设施服务覆盖率

图 6-6　沈阳市中心城区基本保障类业态服务覆盖率分析图（部分设施）

（2）居住小区层级配置水平评估

基本保障类业态齐全度评估结果表明，基本保障类商业设施配置齐全的居住小区为 3343 个，占比 61.8%，表明沈阳市中心城区基本保障类商业设施配置水平相对较好。从空间分布来看，三环内和苏家屯老城区、道义和虎石台等地区齐全度较好（图 6-7）。

基本保障类商业设施轻度缺乏的居住小区为1003个，占比18.5%，在二环外成团成片分布。中度缺乏的居住小区为419个，占比7.7%，主要分布在三环外；重度缺乏的居住小区为643个，占比11.9%，主要分布在三环外新开发建设和尚未开发建设的地区，应作为便民生活圈功能完善的重点地区，保障居民日常基本生活需求。

品质提升类业态集聚度评估结果表明，品质提升类业态集聚度空间分布呈显著的圈层递减特征，其中二环内地区是品质提升类业态资源空间集聚的主体区域，三环外新开发建设和尚未开发建设的地区品质提升类网点分布较少（图6-8）。

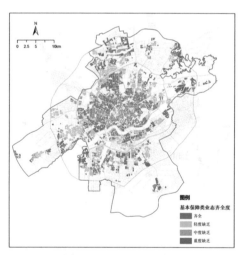

图6-7　基本保障类业态齐全度评估图　　　图6-8　品质提升类业态集聚度评估图

（3）社区层级配置整体水平评估

根据达标小区的定义，基于居住小区层级基本保障类业态齐全度评估结果，统计社区空间单元内住宅小区配套达标率。剔除无居住小区分布的社区后，按照自然间断点法划分为四级。从分级评价结果来看，圈层式差异显著。评分为四级的社区共588个，居住小区达标率在80%以上，占总数的63.5%，基本保障类设施配置齐全，便民服务功能完善，主要集中在二环内地区，以及苏家屯老城区、于洪新城、三台子等组团。三环外大部分社区评分为一级，基本保障类业态严重缺乏，需重点补足（图 6-9）。

基于居住小区层级品质提升类设施集聚度评估结果，统计社区空间单元内居住小区品质提升类业态集聚度的平均值，表征社区商业设施配置的品质化水平。剔除无居住小区分布的社区后，将住宅小区配套品质化率划分为四级。从分级评价结果来看，整体呈中心强外围弱的分布特征。综合水平评分位于四级的社区共665 个，平均可达品质提升类网点在 100 个以上，占总数的 71.8%，品质化水平较高，主要集中在三环内地区，以及苏家屯老城区、道义组团和虎石台组团。评分为一级的社区共 51 个，平均可达品质提升类网点不足 5 个，占总数的 5.5%，品质化水平较低，分布在全运村社区外围区域（图 6-10）。

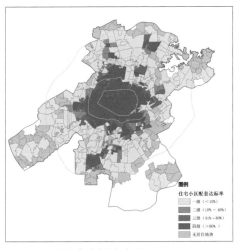

图 6-9　达标率空间分布图

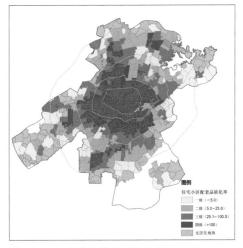

图 6-10　品质化率空间分布图

（4）综合分析

从基本保障业态配置齐全度评估结果来看，现阶段便民生活圈建设存在业态功能不完善的问题。从品质提升集聚度评估结果来看，现状便民商业设施布局不均衡，大多数社区的商业网点都配置在繁华或人口密集区域，社区覆盖不足，社区商业品质化不高。

各社区的便民商业设施建设水平呈现出较大的空间差异。综合社区层级达标率和品质化率两项评估结果，将社区便民生活圈建设水平划为"达标率高品质化率高、达标率低品质化率高、达标率低品质化率低"三种总体评价类型，以表征沈阳市中心城区各个社区便民生活圈配套设施配置总体评价情况。

图 6-11　总体评价图

如图 6-11 所示，沈阳市中心城区便民商业设施配套的总体情况呈"内强外弱"的分布特征。达标率高品质化率高的社区数量最多，共 641 个，占总数的 69.2%，主要位于二环内和三环外的老城区，基本保障类设施配套齐全，需要重点提升其品质化水平，满足居民多样化的需求。其次为"达标率低品质化率高"的社区，共 169 个，占比 18.3%，主要分布在二三环之间，"达标率低品质化率低"的社区最少，共 116 个，占比 12.5%，主要分布在三环外新建地区，需要优先配齐基本保障类设施，促进品质提升类设施建设。

4）评估成果应用实践

社区便民商业设施的配置不是在小区建设时一蹴而就的。便民服务设施的供给应切实结合当地居民生活所需进行差异化配置，动态调整。及时了解居民和社区商业经营主体的需求，对现有资源进行整合优化，合理增设或更新符合需求的服务设施。但逐区逐片地识别短板区域费时费力，需要提高自动化程度。通过构建缺口评估模型，开展全市便民生活圈配套设施缺口评估，考察各类社区商业设施的可达性，快速识别便民服务欠缺的区域，以及缺失的业态类型，从而有助于规划新建或扩充现存活动场所。

缺口评估工作形成"一图一表一清单"成果，一图一表为短板区域图和缺失业态类型表，直观展示缺口分布情况。基于一图一表，以可操作、可实施的年度建设任务清单为抓手，形成定位、定界、定量的建设任务清单和实施项目库。如浑南区白塔街道全运村社区，根据评估结果，社区内最缺乏综合超市、维修点和药店等业态（图 6-12），基本保障类业态配置水平中部较好，外围区域较差，应优先在外围进行补建（图 6-13），进而形成建设任务清单（表 6-12）。

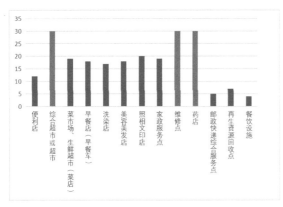

图 6-12　全运村社区缺失业态类型表

图 6-13　全运村社区短板区域图

全运村社区年度建设任务清单　　　　　　　　　　表 6-12

	名称	数量（处）		设施名称	数量（处）
基本保障类商业网点	便利店	6	品质提升类商业网点	新式书店	2
	综合超市或超市	1		运动健身	2
	生鲜超市（菜店）	3		特色餐饮店	30
	早餐店（早餐车）	1		养老站点	4
	洗染店	2		托育站点	6
	美容美发店	4		保健养生店	1
	照相文印店	1		教育培训点	2
	家政服务点	2		休闲娱乐场所	15
	维修点	2		其他	2
	药店	3			
	邮政快递综合服务点	4			
	再生资源回收点	2			
	餐饮设施	80			
	合计	111		合计	64

6.1.3 开发微信程序增强公众参与，感知"补什么"

为深入贯彻便民生活圈"问需于民、问计于民"的核心理念、推动"以人民为中心"的发展思想的生动实践，沈阳市商务局积极响应市民对于更加便捷、高效、舒适生活环境的期待，组织相关技术单位设计开发沈城便民生活圈小程序，实现从"规划设计编制"拓展到"生活圈治理平台"，服务生活圈全要素管控、全生命周期精细化治理、拓展新时代规划领域的创新性探索。该程序可提供生活圈单元查询与导航、生活圈单元数据动态更新、应配设施规模一键测算、定制生活圈设施配置目录等高效便捷的数据服务。

同时，该程序还开放公众参与板块，促进公众参与到社区生活圈规划建设管理的全过程之中，真正实现了"开门做规划，共绘生活圈"的目标。在规划设计阶段可表达对社区生活圈的构想和提案，为社区生活圈的构建贡献智慧与力量；在建设实施阶段，公众可以参与方案评选，对多个备选方案进行投票或提出宝贵意见，确保项目能够贴近民心、满足民需；而在运营管理阶段，小程序则成为一个重要的反馈渠道，市民可以对现有的服务设施和治理成效进行评价和打分，为持续优化和提升提供宝贵的数据支持。

"沈城便民生活圈"小程序，作为连接政府与民众、服务与生活的重要桥梁，实现了从单一的规划设计编制功能向全方位生活圈治理平台的跨越式升级。该平台集成了大数据、云计算、人工智能等先进技术，旨在通过数字化手段实现对生活圈全要素的精准管控和全生命周期的精细化治理，为沈阳市民带来前所未有的便捷体验，也标志着沈阳市在智慧城市建设和社区治理方面迈出了坚实的一步（图6-14）。

图6-14 沈城便民生活圈小程序

6.1.4　设计数据模型支持规划决策，研究"如何补"

为实现科学、高效且精准的项目建设决策支持，构建以 POI 数据为基础的智慧选址模型，该模型深度融合了随机森林算法与 LA 模型（Location-Allocation，位置分配）的核心优势，在生活圈建设阶段可提供关键设施的选址与布局规划建议，辅助相关部门决策项目建设。

1）智慧选址模型

随机森林算法是一种基于集成学习的机器学习算法，通过构建多个决策树并将它们的预测结果进行汇总来做出最终预测。随机森林主要基于 Bagging 策略，通过样本随机和特征随机来增强模型的多样性和鲁棒性。

LA 位置分配算法的技术原理是基于所有请求点之间的距离进行的。其中"最小化阻抗"会选择使加权阻抗（分配给某个设施点的请求点乘以到该设施点的阻抗）之和最小的设施点。因为"最小化阻抗"可减少公众到达选定设施点所需行进的总距离，所以，通常认为对于某些公共服务类机构（如图书馆、区域机场、博物馆、医疗诊所等）的选址而言，选择不具有阻抗中断的最小化阻抗问题类型比其他问题类型更加合理。

2）设施选址示意

以社区党群服务中心为例，根据一般社区党群服务中心设施的服务半径，以居民 5 分钟的步行距离为参照，以 500m×500m 为尺度单元，将沈阳市划分为 15625 个网格。每个网格拥有唯一编号，方便探究各类设施的空间分布规律。例如沈阳市沧海社区党群服务中心位于第 8042 号网格，该网格内又同时拥有福盈旅社、于洪区工商行政管理局、食品流通管理监察大队、沈阳铁西宗霖西医内科诊所、李连贵熏肉大饼（沈新路）等诸多设施。

通过 ArcGIS 与 Python 代码，可以得到每个网格内的设施分布情况。将网格与设施归类进行匹配，将某一网格是否适合社区党群服务中心设施标准定为：若某网格内拥有社区党群服务中心设施，则表明该网格客观环境适合社区党群服务中心设施选址要求，将其归为正类。若某网格内无社区党群服务中心设施，则认为该网格客观环境不符合社区党群服务中心设施选址要求，将其归为负类。这样就实现了社区党群服务中心设施选址的二分类。然后，将网格内其他各类设施也进行二分类转换：有某类设施则该网格内该类设施为正类，否则为负类。以此类推，通过不断对备选地块周边提出要求，从而筛除不符合要求的地块。

随后，运用 LA 模型，依托路网建立网络数据集，将随机森林预测出的点位作为设施点，将叠加人口热力值的社区生活圈居民点作为请求点，将请求点的相对权重设置为 1，模型会将设施点设置在适当的位置，以使请求点与设施点的解之间的所有加权成本之和最小。

在遍布全城的社区生活圈需求点中，通过调整模型参数、叠加人口热力值权重、交通可达性等条件确保优化原则的有效实施，综合考虑土地资源的可用性、权属信息、建设意愿、便捷的交通条件以及社区的实际需求等多重因素，经过严谨筛选与评估，精确挑选出具备最优质服务能力的社区党群服务中心设施候选点，辅助部门建设决策（图 6-15）。

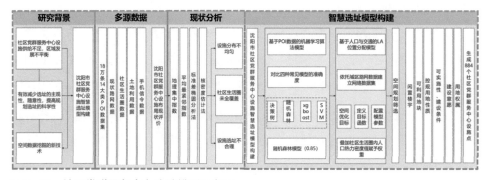

图 6-15　社区党群服务中心选址模型示意图

6.2　动态地图实现高效便民服务

6.2.1　便民生活圈动态地图

为更好地满足市民日常需求，推出了"便民生活圈地图"小程序，其功能全面且实用，旨在为用户提供更加便捷、高效的便民服务体验。

1）快捷搜索与定位功能

该动态地图囊括了菜市场、超市、花店、快餐小吃、美发美甲、各类修补服务、药店、洗衣店、废品回收等 40 多种便民网点类型，整合商户资源，实现线上线下互动，引导更多点位"进图"，让居民"找得到"。

居民通过小程序搜索"便民生活圈地图"即可进入地图界面，并支持搜索"小修小补""菜店""大型超市""便利店""早餐店"等不同的便民门类，可快速找到家门口便民生活服务点位，查看地理位置、门面照片、营业时间、联系电话等，并可一键导航，帮助居民快速找到"一刻钟内的便民服务"（图 6-16）。

图 6-16　便民生活圈地图分类查询

2）特色便民功能

地图还涵盖了"邻里帮忙"便民功能，基于腾讯地图位置服务能力，该功能为有临时、紧急需求的市民提供线上互助社区。用户可以在这里发布求助信息或帮助他人解决问题，实现邻里之间的互帮互助。

3）商户入驻与共建

便民商户可通过"便民生活圈地图"的共建入口快速入驻地图，享受多项商户权益，比如商家入驻地图后可开通微信客服等功能，方便附近居民直接联系店主。商户也可以通过腾讯地图 App 的"商户入驻"功能，输入地点名称、经营类型、位置、照片、电话、营业时间、认证材料等相关信息，即可免费入驻。同时，商户也可选择付费开通腾讯地图旺店 VIP 入驻，提升店铺流量和形象，洞察行情，帮助店铺更好经营。市民也能成为地图的"共建者"，随时随地上传没有被地图收录的民生小店。这一功能不仅丰富了地图信息，还提高了市民的参与度和满意度（图6-17）。

图 6-17 邻里帮忙、商户入驻与共建功能

4）持续完善

沈阳市商务局组织全市 50 个一刻钟便民生活圈试点社区开展地图业态和点位补充工作，完善各类"小修小补"、菜店、便利店、药店等便民小店 1000 余个。还将在全市范围内持续推动"便民生活圈地图"业态补充工作，重点围绕生活服务、休闲娱乐、小吃美食等关乎百姓日常生活需求的业态进行补充和完善。按照"缺什么补什么"的原则，积极引导各类业态进街道、进社区、进地图。

"一刻钟便民生活圈"动态地图这一创新服务模式，不仅标志着数字时代下城市生活服务的新篇章，更是对居民日常生活需求的深度理解与精准响应，依托腾讯地图强大的地理信息技术与微信庞大的用户基础，将城市中的各类生活服务设施紧密连接，构建起一个高效、便捷、全面的生活服务网络。

6.2.2　应用动态地图监测评估分析

"便民生活圈地图"聚焦沈阳全市便民生活服务业，借助该动态地图的数据积累，可实现对全市便民商业网点和 1000 多个便民生活圈，从业态供给结构、消费便利度、丰富度等维度动态监测分析，以定量评估全市便民生活圈建设状况，为建设高品质便民生活圈提供大数据监测分析支持。

1）动态掌握各类业态供给情况

该动态地图汇集了便利店、超市、菜市场（生鲜超市）、早餐店、维修点、洗衣店、美容美发店、照相文印店、药店、家政服务、废品回收等便民网点类型，可以获取全市便民商业网点建设底数。通过叠加便民生活圈空间单元，进行空间统计各便民生活圈内各类业态数量和结构，从而动态监测各类业态供给情况。

2）动态监测生活圈便利度水平

以《专项规划》划定的一刻钟便民生活圈空间单元为分析对象，通过计算各类基本保障类便民商业服务设施有效服务范围的覆盖率后进行加权平均，反映每个生活圈的便利度水平。

采用一个生活圈空间单元内便民服务设施的有效服务面积之和与所在空间单元面积的比值作为该类便民设施服务覆盖率的定量指标（公式6-1）。

$$D_{ij} = \frac{M_{ij}}{S_{ij}} \ (i=1, 2, 3\cdots\cdots14) \qquad （公式6-1）$$

式中：D_{ij} 为 j 生活圈单元中第 i 类便民设施的服务覆盖率；M_{ij} 为 j 生活圈单元中第 i 类便民设施的有效服务面积之和，即该类服务设施的资源总量；S_{ij} 为 j 生活圈单元的用地面积。

根据各类便民设施服务覆盖率计算生活圈便利度（公式6-2）。

$$Q_j = \sum_{i=1}^{n} (D_{ij} \times W_i)(i=1, 2, 3\cdots\cdots14) \qquad （公式6-2）$$

式中：Q_j 代表第 j 个生活圈的便利度水平；D_{ij} 为 j 生活圈单元中第 i 类便民设施的服务覆盖率；W_i 代表第 i 类设施的权重，权重根据专家打分法进行确定。

通过地图可视化直观掌握每个生活圈的各业态服务覆盖情况和便利度水平，对照《标准》和《导则》，便于实施主体组织实施规划和精准补建（图6-18）。

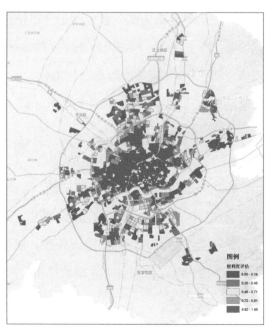

图6-18　生活圈便利度水平监测评估

3）动态监测生活圈丰富度水平

以《专项规划》划定的一刻钟便民生活圈空间单元为分析对象，通过熵指数测度生活圈服务多样性来反映其丰富度水平（公式 6-3）

$$\text{Diversity}=-\sum\nolimits_{i=1}^{n} \frac{Pi \times \ln(pi)}{\ln(n)} \qquad （公式 6-3）$$

式中 Diversity 表示某个便民生活圈的设施配置丰富度，n 表示设施的类别数，Pi 表示第 i 类设施占所在便民生活圈内设施总数的比例。通过地图可视化，可以方便地监测不同生活圈之间业态丰富度的空间差异，为优化调整提供依据（图 6-19）。

图 6-19　生活圈丰富度水平监测评估

数据来源：生活圈便利度与丰富度水平监测评估，基于 2022 年度百度地图 POI 数据整理的便民生活圈商业网点数据测算

第 7 章　沈阳一刻钟便民生活圈建设成效与实例

7.1　一刻钟便民生活圈建设成效

根据《商务部办公厅等 11 部门关于公布全国首批城市一刻钟便民生活圈试点名单的通知》，沈阳市成功申报获批成为"全国首批城市一刻钟便民生活圈试点"城市。按照商务部和辽宁省商务厅的相关要求，沈阳市选取了市内 9 区（以三环内主城区为主）作为一刻钟便民生活圈试点建设与推广宣传区域。2022 年选取市内 9 区的 10 个生活圈，开展第一批试点建设工作；2023 年，在首批试点生活圈建设的基础上，启动推进了第二批 40 个生活圈试点建设。

截至 2023 年 10 月，沈阳市共组织建设 50 个一刻钟便民生活圈，试点生活圈居民满意度 92.5%、试点生活圈连锁店占商业网点数量的比例达到 31.6%、试点地区新增或改造商业业态 4892 个、带动就业 4.6 万人、服务居民 100 万人、带动社会投资 1.8 亿元，大大增强了生活圈服务功能，在满足城市居民多元化生活需要等方面，取得良好效果（表 7-1）。

2021—2023 年生活圈试点工作成效汇总　　表 7-1

试点城市（区）名称	年度	工作进展指标				工作成效指标					
		纳入试点计划的生活圈数量（个）	实际已完成建设的生活圈数量（个）	实际已完成建设生活圈覆盖的社区数量（个）	生活圈内商业网点数量（含存量和增量）（个）	品牌连锁各类店铺占社区商业网点比例（%）	生活圈所有商业网点带动就业人数测算（人）	服务社区居民人数测算（万人）	试点生活圈居民综合满意度（%）	各级政府各部门财政补助额（万元）	带动社会投资额（万元）
沈阳市	2021—2022 年	10	10	58	7188	30.31	23963	60.78	90.13	1721	12000
沈阳市	2023 年	40	40	0	3720	32.88	22169	40.31	94.80	157	6090
国家首批试点：沈阳市	2021—2023 年	50	50	58	10908	31.60	46132	101.09	92.46	1878	18090

在调度组织方面，发挥沈阳市一刻钟便民生活圈建设联席会议制度作用，这一制度不仅作为协调各方、汇聚智慧的平台，更是推动便民生活圈高质量发展的重要引擎。沈阳市积极促进政策集成与创新，打破部门壁垒，加强部门政策的集成与创新，盘活闲置资源，改善营商环境，推动各地便民生活圈建设试点与完整社区建设等工作同谋划、同选取、同推进，确保各项惠民政策无缝对接、形成合力。具体而言，会议制度下设立专项工作组，专项负责研究制定集成性政策方案，旨在通过政策创新激活市场活力，同时兼顾公平与效率，为便民生活圈建设提供坚实政策支撑。

在项目建设方面，已在全市建设各类农产品零售网点 3863 个，平均每个社区建有 4 个"菜篮子"产品零售网点。同时，确定 42 户龙头企业作为"沈阳市菜篮子流通重点保供企业"，满足居民生活需求；高质量完成 18 个省级示范性居家和社区养老服务中心建设任务，社区养老服务站建有率达到 100%。

在政策与资金保障方面，持续优化的税费服务举措，充分发挥政策效力，持续激发经营主体活力。推出"税管家"专属服务，点对点帮助企业破解各类涉税难题，确保政策精准直达市场主体；成立东北首个楼宇税收服务站——信悦汇分站，上线个税计算器，实现惠企政策 466 项事项"免申即享"，变"人找政策"为"政策找人"。落实 21 年、22 年及 23 年上半年创业担保贷款贴息金额分别为 6356 万元、12465 万元、8228 万元；23 年一季度"首贷户"贴息金额为 23 万元。

在优化营商环境方面，优化企业开办服务，推行开办企业"一网通办""一窗通办"模式，实现企业设立登记、公章制作、申领发票和税控设备、社保参保登记、医保登记、住房公积金企业缴存登记、银行预约开户等整体开办时间压缩至 0.5 个工作日以内。其中，营业执照办理时间不超过 2 小时；组织搭建"商铺租赁信息平台"、开发相关平台栏目、微信公众号，实现对符合条件的闲置商铺招租信息免费发布，为全市小微市场主体纾困解难，拓宽租赁双方信息渠道，盘活门市、商铺、网点等闲置资产，更好地服务小微企业和个体工商户。

在数字化建设方面，推动美团、京东等电商企业进驻城乡社区，开展自营店、加盟店、体验店、展示店等多形式 O2O 线下体验店，多渠道丰富居民日常消费形式，线上线下服务于民。

7.2 一刻钟便民生活圈实施案例

沈阳市在推进一刻钟便民生活圈建设过程中，鼓励生活圈建设主体充分结合自身特点，探索分类施策的特色建设方式，如老城区注重补充基本业态和品质提升，新城区则配备基本业态并促进品质提升。

各社区通过明确重点人群特征、合理的服务半径、多样的业态、需求的层次性、区域覆盖的全面性以及智能化与信息化的融合等，以及通过党建引领、市场运作、创新模式、科技赋能等经验做法，开展具有沈阳市特色的一刻钟便民生活圈的实际建设。

7.2.1　党建引领，促进居民共建共管共治

将社区商业发展融入基层社会治理体系建设工作中，完善"社区党组织、网格党支部、楼院党小组、党员中心户"的四级组织体系。以"党建工作"为引领，探索"党建＋共建"的便民生活圈建设模式，以多元主体共建推动共治共享。

建设集"党建＋养老＋医疗＋教育＋就业＋治安"于一体的社区党群服务中心，围绕亲民化要求，让空间布局更优化、功能配置更完善、环境氛围更温馨、载体活动更丰富、服务供给更贴心，成为居民群众"家门口"的服务站、活动点、议事厅。

1）典型案例一：皇姑区牡丹社区

（1）基本情况

牡丹社区位于沈阳市皇姑区，隶属于三台子街道。该社区东至陵北街，南至东油馨村社区，西至黄河大街，北至茶山路，分类为老城区品质型一刻钟便民生活圈。

牡丹社区建于 20 世纪 80 年代，60 栋楼，居民总户数 3094 户，是"沈飞集团"的职工社区，属于典型的老旧小区。由于建成年代较早，基础设施破损严重，社区内无居民健身、休闲设施，绿化缺失较为严重。基础设施缺乏成为制约居民生活质量提升的瓶颈。

（2）经验做法

①通过老旧小区改造，突出"一拆五改三增加"，引入居民亟须的服务设施。社区于 2021 年开始全面改造，实施"一拆五改三增加"。其中，"一拆"为拆除违建；"五改"为地下管网改造、线缆入地改造、防水节能改造、道路改造、绿地改造；"三增加"为增加党群服务中心功能、增加文体设施（图 7-1、图 7-2）、增加安全设施。同时全力加强社区服务，提升服务功能。引入居家养老服务中心，开设"幸福教育"课堂；开展医疗资源下沉社区，提供"六助"服务。改造期间，

图 7-1　牡丹社区梧桐书房改造前后

图 7-2　牡丹社区文体广场改造前后

居民全程参与项目的决策、建设和管理，实现了从"站着看"到"跟着干"的转变，还组建了"居民义务监督小组"，随时监督工程进度和质量。

　　②牡丹社区打造党建"微网格"体系，并引入多元化参与机制。面对庞大的人口基数和复杂的管理挑战，牡丹社区发挥基层党组织优势。积极寻求破局之道，以党建为引领，走出了一条独具特色的社区治理新路径。社区建立起"社区党委—12个网格党支部—23个楼院党小组—74个党员中心户"的四级联动、上下贯通的组织体系，把平均300户的社区大网格，细化为一个楼栋一个网格的"微网格"，确保居民的需求和困难能够第一时间被察觉、被解决，真正实现了"小事不出网格，大事不出社区"。

　　在网格化管理的基础上，牡丹社区还创新性地引入了多元化参与机制。除了由社区工作人员组成的专职网格员外，还有兼职网格员、专属网格员。兼职网格员由社区老党员和志愿者组成，专门配合专职网格员进行日常巡查，专属网格员由公安、法院、司法、应急管理局以及水电气热等部门和单位派出人员组成，负责随时协助社区解决居民问题，使用"多方力量"参与到居民事务中。

③牡丹社区针对老龄比例高的情况，充分引导志愿服务的奉献精神。社区党委充分发挥党员的先锋模范作用和志愿者的奉献精神，根据各自的专业特长和兴趣爱好，分类组建了各具特色的8支志愿服务队，涵盖助老便民、理论宣讲、卫生保健、普法宣传等多项志愿服务，同时，社区还注重志愿服务的常态化和长效化建设，通过举办各类公益活动、开展志愿服务培训等方式，不断提升志愿者的服务能力和水平，逐步形成了党建引领、多元力量参与的品质养老服务模式，持续深化党建引领下的社区治理创新实践，努力构建一个更加和谐、宜居、幸福的家园。

2）典型案例二：铁西区北一中路社区

（1）基本情况

北一中路社区位于沈阳市铁西区，隶属于笃工街道。该社区东至兴华北街，南至北二路，西至景星北街，北至铁路，分类为老城区品质型一刻钟便民生活圈。

社区坐落于沈阳北一路商圈腹地，坐拥万达广场、1905文化创意园、宜家家居、星摩尔购物广场、千缘财富商汇写字楼、光兴大厦等大型商业综合体，是商住一体的混合型社区，对周边区域具有辐射带动作用，具有丰富的商业资源，极具特色商业活力与居住魅力，对青年人群吸引力较大，为社区注入了源源不断的青春活力。

（2）经验做法

社区通过"青年+"的模式，利用党建引领，鼓励青年参与社区共建。社区通过整合辖区内的各类资源，形成了"商业服务+公共服务+青年友好"三位一体的便民生活圈，不仅为青年提供了便捷的购物、休闲、学习场所，配置青年人喜爱的新式书店、茶艺咖啡、犀牛市集等（图7-3～图7-5），打造了

图 7-3　北一中路社区新式书店

图 7-4　北一中路社区茶艺咖啡店

图 7-5　北一中路社区犀牛市集

一个既便捷又充满活力的居住环境，还致力于打造一个开放包容、鼓励创新的青年交流平台——"青春团聚地"。

在这个平台上，社区定期召集青年参加专题议事会，鼓励他们围绕社区治理、文化传承、环境保护等议题发表见解、建言献策。鼓励引导各领域青年深入社区建设，通过"青年+"的模式，把青年的想法和思路连接到社区治理、居民生活的各个层面，用青春智慧为社区治理赋能，努力汇聚起强大的"青春力量"。社区还通过组织各类青年活动，如创新创业大赛、文化交流沙龙、志愿服务项目等，进一步激发青年的创新活力，增强他们的社会责任感和主人翁意识，使青年成长为协助基层党组织建设和创新社区治理的新力量。

3）典型案例三：于洪区阳光 100 社区

（1）基本情况

阳光 100 社区位于沈阳市于洪区，隶属于城东湖街道。该社区东至吉力湖三街，南至浑河，西至阳光 100 号路，北至江河路，分类为老城区品质型一刻钟便民生活圈。

（2）经验做法

①阳光 100 社区重点突出"民主参与"的社区建设。社区强化"阳光党建"引领作用，建立健全"7 个网格党支部—14 个楼院党小组—43 个党员中心户"组织体系，充分发挥社区大党委作用，广泛凝聚各类组织、各类人群。定期组织社区居民代表、社区党员代表、社会组织代表、企事业单位和商会代表召开党建联席会议（图 7-6）。

社区还创新性地成立了居民协商议事委员会和监督委员会，这两个委员会的成立，不仅畅通了居民表达诉求的渠道，也强化了对社区事务的监督与管理，真正实现了社区事务的民主决策、民主管理和民主监督。这种"小事不出楼栋单元、大事不出社区街道、矛盾及时化解不上交"的理念构建出党员志愿者带头、群众积极参与、社会组织协同的多元共治新模式，有效激发了居民自治活力，极大地提升了居民的幸福感和满意度，使得阳光 100 社区成为一个和谐共融、温馨友爱的大家庭。

 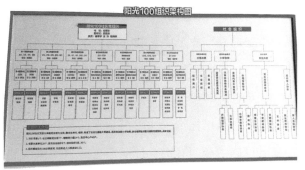

图 7-6　阳光 100 社区网格化管理与组织架构图

②阳光100社区强化"红色堡垒",打造社区党建教育基地名片。为进一步弘扬党的优良传统和作风,阳光100社区在全市率先建成集展示、教育、宣传于一体的"红色堡垒"社区党建基地,这个基地不仅是对外展示社区党建工作成果的重要窗口,更是党员干部和广大居民接受党性教育、传承红色基因的重要阵地。自开放以来,该基地已累计接待来自全国各地的来访人员5000多人次,成为宣传沈阳、展示沈阳城市形象的一张亮丽名片(图7-7)。

图 7-7　阳光 100 社区红色堡垒

4)典型案例四:大东区浅草社区

(1)基本情况

浅草社区位于沈阳市大东区,隶属于上园街道。该社区东至北大营街,南至老瓜堡西路,西至望花巷,北至上园路,分类为老城区标准型一刻钟便民生活圈。

浅草社区基础设施老化,全面开展老旧小区改造计划。社区下辖的矿山小区等老旧小区已被纳入沈阳市"十四五"老旧小区改造计划中。这些小区将进行基础设施的全面升级,包括修复破损墙体、更换损坏的下水管网等,以彻底解决返水、污水横流等问题,改善居民的生活环境。

（2）经验做法

①社区创建"爱心托管班"，激发退休党员积极性。浅草社区关心下一代工作委员会坚持以"社区服务＋志愿服务＋资源整合"的模式，聚焦青少年重点人群，汇聚志愿者的爱心力量，组织开展丰富多彩的青少年活动。开办 13 年的"爱心托管班"（图 7-8），作为退休老党员在"家门口"开展谈心谈话、了解基本情况、家庭状况，挖掘党员特长的党建阵地，不断完善工作机制，积极创新党建工作方法，将退休党员分类管理，并对老年体弱、行动不便的党员，社区党委"送学上门"。通过参观红色基地、观看红色电影等方式，充分调动退休干部党员学习积极性。

②社区鼓励退休党员融入"党建＋网格"管理体系，发挥余热。结合社区的"党建＋网格"管理，将退休党员融入网格，让老党员"动"起来，参与到"邻里有温度"、关爱特殊人群、楼院大清扫、"安全每一天"、矛盾纠纷化解、反诈防骗、宣传文明市民、关心下一代等各类志愿服务活动，打通了服务群众的"最后一公里"。

图 7-8 浅草社区爱心托管班

5）典型案例五：皇姑区柳江社区

（1）基本情况

柳江社区位于沈阳市皇姑区，隶属于三台子街道。该社区东至梅江街，南至莲花山路，西至黄河大街，北至芙蓉山路，分类为老城区品质型一刻钟便民生活圈。

柳江社区建设年代较早，公服品质较差，结合城市建设工作开展老旧小区改造。社区改造主要包括三个方面：一是通过修缮房屋、整治环境等措施，提升居民的居住条件和生活品质；二是对老旧小区内的道路、排水、供水、供电等基础设施进行全面改造，解决设施老化、功能不全等问题；三是增加或改善社区服务中心、健身器材、文化娱乐设施等公共服务设施，满足居民多样化的需求。

（2）经验做法

①柳江社区关怀"新就业"群体，打造"爱心驿站"。柳江社区在积极探索新时代党建引领社会治理创新的过程中，将目光投向了日益壮大的快递、外卖员以及网约车司机、货车司机等新就业群体，他们不仅是城市经济活力的"毛细血管"，更是社会和谐发展的重要参与者。为此，社区精心为户外劳动者建立的爱心驿站，不仅是一个物理空间上的休憩站，更是情感交流与思想碰撞的温馨港湾。

在"爱心驿站"中，除了基础的休息座椅、纯净水供应、手机充电站等暖心设备外，还配备了应急药箱、雨具借用、图书阅读角等多元化服务设施，力求全方位满足新就业群体的实际需求。驿站的设计兼顾了实用性与舒适性，营造出一种家的温馨氛围，让每一位踏入其中的"小哥"都能感受到来自社区的关怀与尊重。服务对象除了快递员、外卖配送员外，还有网约车司机、货车司机等群体。

②通过党建引领创新治理模式，将"爱心驿站"打造成包容的公共议事平台。在这里，新就业群体不仅是服务的接受者，更是社会治理的参与者。社区定期举办座谈会、交流会，邀请"小哥"们分享工作心得、生活点滴，同时也鼓励他们就社区治理、城市管理等提出宝贵的意见和建议。这些来自一线的声音，为社区治理提供了鲜活的数据和独特的视角，促进了决策的科学化和民主化。

图 7-9　柳江社区爱心驿站

此外，柳江社区还充分利用"爱心驿站"这一平台，加强对新就业群体的思想政治教育和法治宣传教育。通过组织学习党的路线方针政策、开展法治讲座等活动，引导"小哥"们树立正确的价值观，增强法治观念，成为城市文明建设的传播者和践行者（图 7-9）。

7.2.2　公益性服务和市场化运作结合

探索公益性服务和市场化运作相结合的模式，引导和鼓励社会企业、市场主体参与社区商业建设与运营，促进基础商业功能与社区公共服务功能有机结合，形成商业自造血、商业反哺公益的良性发展。

1）典型案例一：沈北新区蒲雅社区

（1）基本情况

蒲雅社区位于沈阳市沈北新区，隶属于正良街道。该社区毗邻辽宁大学和蒲河廊道核心段，地处正良片区"钻石型"区域，分类为新城区品质型一刻钟便民生活圈。

（2）经验做法

①社区采用"公益＋低偿＋市场"模式推进项目建设和运营。传统上，社区综合体的设计、建设和运营，以政府财政资金全额投入为主，建成后由街道、社区运营管理。为提升社区服务质量，切实节省财政资金，加强党群服务中心建设前期规划设计，社区和第三方公司通过入户问卷等多种形式，走访500余名群众，建立居民需求清单、问题清单，根据清单确定政务、托幼、就餐、就业、养老、健康、平安等7项公益服务和商业内容；区委组织部、区民政局采取"公益＋低偿＋市场"模式推进项目建设，打破传统党群服务中心财政全额投入、社区独立运营、服务质量不高的弊端，引入辽宁高校创新创业联盟、财落一村集体股份有限公司、沈阳师范大学软件学院、时代画室、元气森林、壹加壹科技、北四达国际等城市合伙人，投入100余万元参与部分功能区域运营，营造消费场景、挖掘文化资源、发动邻里关系、培育青年业态，既发挥好党群阵地功能，又提升邻里中心商业价值，推动社区可持续发展。

②项目由运营方"投资、建设、运营"，满足社区商业"便民、惠民、智能管理、一店多能"等需求。建成集党群服务、政务服务、便民服务、民生工程和"四零社区"建设于一体的全龄友好型智慧社区邻里中心，形成党建聚资源、商业自造血、商业反哺公益的良性发展模式，体现商业服务社区、社区反哺商业的社区商业本质（图7-10～图7-12）。

图 7-10　蒲雅社区党群服务中心综合体、社区一食堂

图 7-11　蒲雅社区党群服务中心二楼满族布艺工坊

图 7-12　蒲雅社区党群服务中心二楼儿童成长中心、幸福教育课堂

2）典型案例二：铁西区公和桥社区

（1）基本情况

公和桥社区位于沈阳市铁西区，隶属于霓虹街道。该社区东至铁路，南至虹桥路，西至颂工街，北至北一路，分类为老城区标准型一刻钟便民生活圈。公和桥社区辖区内老年人比例较高，养老服务需求迫切。

（2）经验做法

①公和桥社区构建"政府主导、企业参与、市场运营、适老普惠"的四位一体助老服务新模式。社区响应铁西区"为民办实事"的工作要求与号召，针对社区内老年人比例偏高的问题，开办"幸福老者食堂"，旨在打造温馨、便捷、高效的养老服务体系。

食堂从设计之初就充分考虑到老年人的特殊需求，针对老年人的生理特点和营养需求，制定健康食谱，解决了社区里独居老人、高龄老人"做饭难""吃饭难"的问题，此外，食堂还针对行动不便或有特殊需求的老人，推出了"送餐上门"服务，并组建了一支"暖邻闪送"学雷锋志愿服务队，这支队伍由热心公益、乐于助人的社区居民组成，不仅增强了社区的服务能力，更在社区内营造了一种邻里守望、互帮互助的良好氛围。

②社区建立志愿者积分奖励制度，激励更多的居民参与志愿服务。通过累积服务时长，志愿者可以获得相应的积分，这些积分可以在指定的商家或服务机构兑换商品或服务，从而在物质和精神上给予志愿者应有的回馈与肯定。这一制度的实施，不仅激发了居民的参与热情，也促进了社区内部资源的有效整合与利用，形成了互助共济、和谐共生的长效机制。

3）典型案例三：沈北新区地雅社区

（1）基本情况

地雅社区位于沈阳市沈北新区，隶属于正良街道，分类为老城区标准型一刻钟便民生活圈。

（2）经验做法

①地雅社区构建"党建＋商圈"的党建联盟模式。党委在深化党建引领基层治理的实践中，勇于探索，积极创新，巧妙地将党建工作与商圈发展深度融合，不仅有效激活了社区内万达商圈的丰富资源，还极大地促进了商圈内各商铺之间的合作与共赢，形成了"党建搭台、商铺抱团、群众共赢"的生动局面，为基层治理注入了新的活力与动能。

②地雅社区重点关注特殊群体，开展精准帮扶。在"党建赋能·红色商圈"的框架下，地雅社区党委充分发挥党组织的战斗堡垒作用和党员的先锋模范作用，搭建各类服务平台和载体。特别是针对特殊群体，如残疾人、高龄老人等，社区党委更是倾注了大量心血，开展了一系列精准帮扶活动，让党建成果惠及更多需要帮助的群众。

地雅社区曾携手沈阳市残联、沈北新区残联在沈北万达广场一楼开展"助残圆梦'职'等你来"残疾人招聘会，共吸引30余家大型企业参与，提供服务类、技术类等30余个就业岗位，帮助残疾人融入社会、实现就业梦想。

此外还联合万达商圈党支部对高龄老人进行走访慰问活动，为他们配送生活必需品。对于独居的高龄老人，社区党委更是给予了特别的关注，通过定期探访、电话问候等方式，确保他们能够得到及时有效的帮助和关爱。这些举措不仅让老人们感受到了社会的温暖和关怀，也进一步弘扬了扶弱助残的传统美德，营造了关心帮助特殊群体的良好社会氛围。

4）典型案例四：沈北新区七星里青年友好型街区

（1）基本情况

七星里街区位于沈阳市沈北新区蒲新路孝信街至天乾湖街段，全长约1.6～2km。

（2）经验做法

①七星里街区瞄准青年多元需求，打造青年友好氛围。在策划之初，七

星里街区便敏锐洞察到当代青年群体的多元化需求，联合嘉城集团策划应对年轻人的需求，绘制了一幅以电竞、科创、文创、首店经济及夜经济为核心特色的未来生活蓝图。不仅打破了传统商业街以购物为主导的单一模式，更以其独特的时尚气息、深厚的人文底蕴以及迷人的风景线，成为吸引青年群体的强大磁场。七星里街区承载着"青年友好型街区、人才成长型城市"的双重使命，为城市与居民生活注入了前所未有的活力与希望，更带来源源不断的更新力量。

②七星里街区融合发展平台，创造青年就业机会。七星里街区的建设没有局限于消费领域的升级，而是更深层次地融合了新经济发展平台及环境，为青年人提供了丰富的就业机会。这里不仅汇聚了众多新兴产业的领军企业，也孕育着无数初创企业的梦想。通过产城融合的发展模式，街区成功地将生产、生活与生态融为一体，让青年人在这里既能实现职业梦想，又能享受高品质的生活。街区以其独特的规划理念、丰富的业态布局以及完善的配套服务，为沈北新区乃至沈阳市的未来发展注入了源源不断的更新力量，成为推动城市转型升级、促进青年人才成长的重要力量（图 7-13）。

图 7-13　七星里青年友好型街区

5）典型案例五：皇姑区松莲社区

（1）基本情况

松莲社区位于沈阳市皇姑区，隶属于三台子街道。该社区东至梅江街，南至松山路，西至黄河大街，北至莲花山路，分类为老城区品质型一刻钟便民生活圈。

（2）经验做法

①社区利用大型商业设施，推动儿童友好空间建设。三台子万象汇坐落于皇姑区松莲社区，不仅以其丰富的业态和现代化的购物体验吸引众多消费者，更在皇姑区妇联的积极倡导与支持下和社区工作人员的帮助下，成为推动儿童友好城市建设的重要力量。社区旨在打造一个既安全又充满乐趣的儿童成长空间，以便进一步推动儿童友好城市建设工作的开展。

此外，皇姑区妇联与三台子万象汇还联合推出了儿童友好主题街区，这里汇聚了众多专为儿童设计的店铺与活动空间，从寓教于乐的亲子书店、创意无限的儿童手工作坊，到充满科技感的互动体验馆，每一处都精心策划，旨在激发孩子们的想象力与创造力，让他们在玩乐中学习，在学习中成长。

②充分利用闲置空间，探索开发"屋顶乐园"。皇姑区妇联与沈阳三台子万象汇充分合作，开发"屋顶乐园"，创意项目巧妙地将自然元素与儿童游乐设施相结合，将原本可能闲置的屋顶空间转变为孩子们探索、嬉戏的梦幻天地。

在活动开办过程中，注重服务细节，社区工作人员从活动策划到现场执行，每一个环节都力求做到细致入微。社区持续布局皇姑区儿童友好城市地图，开展一系列主题萌趣活动，以寓教于乐的活动形式，不仅为孩子们打造了一个友好、欢乐的休闲环境，更在全社会范围内树立了儿童友好城市建设的典范，为构建更加和谐、包容、可持续发展的城市环境贡献了力量（图 7-14）。

图 7-14　三台子万象汇屋顶乐园

7.2.3　坚持商旅文融合营造服务场景

　　坚持文化为魂、体验为要，因地制宜打造有历史内涵、商业氛围、生活气息、文化故事的特色生活圈。充分挖掘、梳理社区内历史文化资源，通过多种方式进行记录、创造、宣传和推广，形成特有的文化品牌，并运用到主题街区文化塑造与社区商业发展当中。着力营造商旅文融合的服务场景，激活社区商业活力。积极拓展全龄参与的文化活动，建立有特色的文化队伍，探索线上线下共推的宣传模式，打造丰富多样的文化体验。

1）典型案例一：浑南区双深社区

（1）基本情况

双深社区位于沈阳市浑南区，隶属于白塔街道。该社区东至沈中大街，南至高深东路，西至智慧三街，北至双深路，分类为新城区品质型一刻钟便民生活圈。

（2）经验做法

打造年轮博物馆，建立红色文化教育基地。沈阳年轮艺术品博物馆坐落于此，增添了浓厚的文化气息与历史底蕴（图7–15）。博物馆展厅面积近1000m^2，藏品丰富，红色藏品的数量多达4万余件，包括老一辈革命家像章、塑像及相关物件，许多为重要孤品。博物馆还广泛收集了各类红色印刷品，从珍贵的报纸、期刊到宣传画、海报等，为参观者提供了一个直观了解历史、感受革命精神的窗口。

依托深厚的红色文化底蕴与优越的环境条件，双深社区充分利用这一优势持续打造一系列形式多样、特色鲜明的"红廉"系列活动：从"传承红色基因、争做时代先锋"的红色教育基地主题党日活动，到"崇敬劳动模范、弘扬劳模精神"的宣讲活动，再到针对幼儿园小朋友的红色研学之旅。

充分开展红色研学之旅活动，积淀红色文化传承。此外，双深社区还特别注重红色文化的传承与普及工作。他们联合当地幼儿园和小学，开展了一系列红色研学之旅活动。在这些活动中，孩子们通过参观博物馆、聆听讲解、参与互动游戏等方式，近距离感受到了红色文化的魅力。他们不仅学到了许多关于革命历史和英雄人物的知识，更在心灵深处种下了红色文化的种子，特别是与浑南区第九小学合作创建"百童红色传承宣讲团"，开展爱国主义、社会主义核心价值观等红色教育。每一项活动都旨在让红色文化深入人心，让革命精神代代相传，将双深社区打造成为一个集文化教育、历史传承与社区活动于一体的综合性社区典范。

图 7-15　年轮艺术品博物馆

2）典型案例二：和平区北市场街道

（1）基本情况

北市场街道位于沈阳市和平区。该社区东至北三经街，南至市府路，西至南京北街，北至京哈铁路。

沈阳老北市项目位于沈阳和平区的北部，是老沈阳地域文化的一个鲜明地标，是最具沈阳市井文化特色的历史文化街区。老北市便民生活圈的建设被赋予了深远的意义，不仅关乎民生福祉的改善，更是传承历史文脉、焕发城市活力的重要载体。

（2）经验做法

通过商业街区建设，满足居民的基本生活需求，提升生活圈品质。通过优化商业布局、提升服务质量、挖掘文化资源等措施，成功打造了集商业服务、公共服务、文化品质于一体的特色生活圈。

在商业布局上，老北市便民生活圈充分考虑了居民的日常需求与消费习惯。从便利店、综合超市到特色小吃、手工艺品店，各类商业业态应有尽有，既满足了居民的基本生活需求，又增添了街区的活力与色彩。同时，通过引入知名品牌与特色商家，提升了整个生活圈的商业品质与吸引力，为居民提供了更加多元化的消费选择，同时还能参与丰富多彩的文化活动，极大地提升了生活品

图 7-16　老北市汉字主题书房

质和幸福感。特别是汉字主题书房（图 7-16）等公共服务设施的植入，不仅为游客提供了一个了解沈阳历史文化的窗口，更为周边社区居民提供了一个日常学习、交流、放松的文化空间。这些举措不仅丰富了居民的精神文化生活，也进一步提升了老北市便民生活圈的文化内涵与品位。

7.2.4　推广"一店多能"行动

大力推广"一点多用""一店多能"的服务叠加模式，引导各类便民商业网点搭载综合服务功能，推进社区小店向多业态融合发展，如"菜市场 + 餐厅 + 超市""便利店 + 干洗店""便利店 + 快递点"等多能店。

典型案例一：于洪区东湖社区

（1）基本情况

东湖社区位于沈阳市于洪区，隶属于迎宾路街道。该社区东至铁路，南至黄海路，西至洪湖街，北至洪湖街17巷，分类为城乡接合部标准型一刻钟便民生活圈。

东湖社区是一个建设相对成熟的居住区，周边配套设施相对完善，周边还保留有部分城中村改造项目。

（2）经验做法

精准规划，构建商居和谐、政企深度融合、多规合一的现代生活圈。在深入践行"以人为本、以商为引"的核心理念下，积极探索并实施了一系列创新举措，旨在通过"因地施策、创新驱动"的策略，构建一个商居和谐、政企深度融合、多规合一的现代生活圈。该社区不仅着眼于完善末端消费体系，通过精准布局与科学规划，实现了便利消费的全方位覆盖；更致力于激发潜在消费活力、提高社区服务的灵活性，让居民的日常生活需求能得到更精细化的服务。

鼓励"一店多能"与"便民售卖车"的灵活经营方式。东湖社区巧妙地将生活圈的便民、利民、惠民功能发挥到极致。一方面，通过灵活设置流动便民售卖车，不仅为社区内失业人员及残疾人提供了宝贵的就业机会，促进了社会包容与和谐，还根据居民需求灵活调整服务内容，如增设季节性果蔬、地方特色小吃等，极大地丰富了居民的日常生活选择。这些流动摊位如同社区的"移动超市"，让便捷与温暖触手可及。

另一方面，社区还创新性地建立了"一店多能"的社区综合服务点，这些服务点不仅是满足居民日常购物需求的便利店，更是集多种服务功能于一体的社区枢纽。它们可以是搭载了先进智能技术的"云菜场"，居民只需轻点手机，就能享受到来自盒马集市等平台的丰富生鲜配送服务，让新鲜食材直达家门；同时，还扮演着菜鸟驿站的角色，为居民提供便捷的快递收发服务，解决了"最后一公里"的难题，让居民的生活更加轻松无忧。

图 7–17　东湖社区便民售卖车、智能售卖设施

在此基础上，东湖社区还注重提升服务质量与水平，通过引入先进的管理理念和技术手段，不断优化服务流程，提升居民的消费体验。社区与商家、政府紧密合作，实现了商业运营与社区治理的深度融合与贯通，不仅促进了商业活动的繁荣，也为社区治理注入了新的活力与动力（图 7–17）。

7.2.5　推动生活服务业数字化与智能化升级转型

探索数字便民生活服务信息平台建设，发展便民生活圈新业态新模式。围绕智慧服务、居家养老、早餐订餐、废品回收利用等，打造居民最关心、最受用的生活数字化应用场景。

1）典型案例一：大东区铂悦社区

（1）基本情况

铂悦社区位于沈阳市大东区，隶属于东站街道。该社区东至枫景瑞阁，南至东北大马路，西至东建街，北至联合路，分类为城乡接合部标准型一刻钟便民生活圈。

社区周边配套设施齐全，包括超市、便利店、餐饮店等，满足居民的日常生活需求。此外，社区内还建设有健身设施、儿童游乐区等公共休闲场所，提升居民的生活质量。

（2）经验做法

①铂悦社区建立"3+5+8"模块构筑"两邻"铂悦模式。在社区党委的带领下，紧密围绕"打造有温度的党建"为中心，社区以"居民有需求，社区有服务"为标准，通过前期调查总结居民需求，并依托驻社区企事业单位以及社会团体资源，打造各具特色的民生项目。

具体包括"3项需求"，为做好"一老一小"服务，秉承"以人为本、服务居民、和谐社区、幸福家园"的工作理念，通过前期调查，总结了3项需求，即"服务、尊重、幸福感"，并以此作为社区"两邻"工作的出发点。

"5大民生"，社区以"居民有需求，社区有服务"为标准，以"微信网络"为宣传阵地，依托驻社区企事业单位以及社会团体资源，将"单打独斗"变为多方融合，让"两邻"理念遍地开花，打造各具特色"5大民生"项目，例如，空中招聘会、送教上门、健康进家、智慧养老等。

"8方着力"，社区从温度、纯度、广度、速度、深度、精度、力度、尺度等8个方向着力点出发，细化服务标准，密织工作网格，推动服务前移，打通联系服务群众的神经末梢。

②社区联合物业共同创新打造"想家社区"软件，满足青年人日常需求。该社区以其独特的地理位置和居民构成，成为年轻人热衷的居住区域，辖区内居住年轻人口数量多，根据调查，居民普遍追求便捷、高效的生活方式，希望得到多元化、个性化的服务。社区采取"因圈施策"的方式建设一刻钟便民生活圈，以便更精准地满足居民多元需求。社区联合物业共同创新打造"想家社区"软件，软件集合了多种功能，旨在为居民提供一站式服务：居民可以在软件上预约维修服务、日常保洁、油烟机清洗和墙面翻新等服务，这些服务由社区严格筛选的优质商家提供，能够保证服务质量和效率，方便居民生活；除了家庭服务外，"想家社区"软件还提供了丰富的团购活动，特价商品主要包括水、生鲜、牛奶，日用商品等日常生活必需品，居民可以根据自己的需求自主预订，平台会提供配送到家服务，不仅节省了居民的时间和精力，还让他们享受到更

图 7-18　"想家社区"服务平台

多的优惠和便利。此外，"想家社区"软件还设置了二手交易和社区信息板块。居民也可以通过软件上传闲置物品，进行二手交易。不仅方便了居民处理闲置物品，还促进了资源的循环利用。同时，软件还会实时更新社区周边的各类信息，如活动通知、交通状况等，让居民随时掌握社区动态（图 7-18）。

通过"想家社区"软件的建设和运营，铂悦社区成功打造了一个集高效服务、优质生活服务、和谐美好邻里圈于一体的社区服务平台。这个平台不仅满足了居民的基本生活需求，还为他们提供了一个交流互动、分享生活的空间，能够让居民们感受到社区的温暖和关怀，享受到便捷、舒适的生活体验。

2）典型案例二：和平区文安路社区

（1）基本情况

文安路社区位于沈阳市和平区，隶属于南湖街道。该社区东至青年大街，南至沈水路，西至三好街，北至文体西路，分类为老城区品质型一刻钟便民生活圈。

文安路社区建设年代较早，老年人比例较高，但整体居住环境建设较好，周边配套设施齐全。

（2）经验做法

社区通过公建民营的方式，创新养老服务新模式。该社区 60 岁以上老年人占社区人口总数的 30%，面对老龄化社区带来的挑战，尝试从居民最为关注的居家养老服务需求入手，在大量走访调查、数次征询辖区大多数老年人意见的基础上，通过公建民营的方式把万佳宜康养老产业集团引入到社区，创新养老服务新模式。社区依托万佳宜康居家养护中心，推行"医养结合"，打造长期居住、日间照料、居家入户和家庭服务的"3+1"服务模式。即长期居住、日间托管、入户照料和家庭服务等三大主要板块，实行 24 小时的个性化、专业化服务，充分体现出个性化和专业化的特点。

社区通过数字化技术，实现智慧化居家养老场景。为进一步推行便民生活圈服务的智能化、数字化转变，文安路社区搭建社区养老综合服务平台，借助先进的数字化技术，开展普惠式 120 医疗急救紧急救援线上线下智能网络服务，实现居家养老服务项目的闭环控制，通过安装智能养老网关、红外探测器、门磁传感器、紧急呼救按钮等先进设施，不断提升居家养老服务水平，打造了特色场景——"120 智享屋"。

此外，为实现服务的终端化、移动化，文安路社区为基本养老服务对象和 80 岁以上高龄独居老人，免费配备"一键呼"应急呼叫智能终端。智能终端小巧轻便，可挂在胸前，当老人身体突感不适时，一键即可直通 120 急救中心，通过自动语音报警、短信等方式通知预留的陪诊人员，在紧急时刻实现对老年人的救治。还可一键预约各类养老服务，为老年人创造了一个可以享受到全方位照顾和关怀的养老环境（图 7-19）。

图 7-19　文安路社区居家养老服务中心

3）典型案例三：和平区幸福里社区

（1）基本情况

幸福里社区位于沈阳市和平区，隶属于长白街道。分类为新城区品质型一刻钟便民生活圈。

（2）经验做法

通过引入"5G 无人移动早餐车"带来便捷服务体验。在万象汇广场出现的必胜客自动驾驶"无人移动早餐车"，为位于繁华地段的幸福里社区居民及过往行人带来了便捷的美食体验。

必胜客"5G 无人早餐车"是一款拥有自动驾驶能力、智能人工交互，以及必胜客热门美食新品的无人美食车。其自动驾驶功能，利用先进的传感器、雷达及 GPS 系统，确保车辆在复杂环境中也能安全、准确地行驶至指定位置，为等待的食客们提供即时服务。

消费者只需要对"5G 无人移动早餐车"招手，自动驾驶无人车就会立马停车。顾客可以通过车身上方的高清触控购物屏，轻松浏览并点选自己喜爱的商品。支付环节同样便捷，支持多种移动支付方式，一键完成交易，购买支付和取货全程无须人工干预，整个过程流畅而高效，让人在享受美食的同时，也感受到了科技带来的无限便利。

图 7-20　5G 无人移动早餐车

"5G 无人移动早餐车"的应用不仅是对传统餐饮服务模式的一次大胆创新，更是对现代都市人追求高效、便捷生活理念的积极响应（图 7-20）。

4）典型案例四：沈北新区人杰水岸社区

（1）基本情况

人杰水岸社区位于沈北新区，隶属于道义街道。该社区东至七星大街，南至蒲河，西至人湖西街，北至蒲河大街，分类为新城区品质型一刻钟便民生活圈。

（2）经验做法

构建一套全面集成的再生资源回收体系，实现再生资源回收的信息化、智能化转型（图 7-21）。这一体系不仅优化了资源配置，还极大地提升了回收效

图 7-21　智能回收站

率与居民参与度。首先在居民小区内设置智能旧物和垃圾分类箱，鼓励居民积极参与再生资源回收，实现垃圾减量和旧物增效。借助线上互联网呼叫系统，用户可以通过 App（图 7-22）、微信公众服务号、400 免费服务电话等任意渠道，呼叫中转站，系统就近分配的回收人员能够保证在 1 小时内上门回收服务。

图 7-22　智能回收站配套的 App

然后集成线下物流系统、物资信息采集和跟踪系统、分选和仓储系统，实现再生资源回收的信息化、智能化。加快推进再生资源回收体系与生活垃圾清运体系"两网协同""两网融合"，从源头上解决再生资源回收问题。

目前旧物积分超市与居民垃圾分类试点设备已经在道义地区各社区落户安装并开始试用。

参考文献

[1] 葛超凡. 基于邻里单元模式的乡村社区建设研究 [J]. 乡村科技，2021，12（22）：8-10.

[2] 李明玺，闫博，尹稚. 一刻钟生活圈：内涵、尺度划分和体系框架 [J]. 北京规划建设，2023（4）：6-14.

[3] 张衔春，胡国华. 美国新城市主义运动：发展、批判与反思 [J]. 国际城市规划，2016，31（3）：40-48.

[4] 陆泉. "新城市主义社区"在国内的适应性探讨及设计实践 [D]. 北京：清华大学，2014.

[5] 孙道胜，柴彦威，张艳. 社区生活圈的界定与测度：以北京清河地区为例 [J]. 城市发展研究，2016，23（9）：1-9.

[6] 朱一荣. 韩国住区规划的发展及其启示 [J]. 国际城市规划，2009（5）：106-110.

[7] 中华人民共和国住房和城乡建设部，国家市场监督管理总局. 城市居住区规划设计标准：GB 50180 — 2018[S]. 北京：中国建筑工业出版社，2018.

[8] 住房和城乡建设部，教育部，工业和信息化部，等. 住房和城乡建设部等部门关于开展城市居住社区建设补短板行动的意见（建科规〔2020〕7号）[EB/OL]. (2020-08-18)[2023-06-15]. https://www.gov.cn/zhengce/zhengceku/2020-09/05/content_5540862.htm.

[9] 自然资源部. 市级国土空间总体规划编制指南（试行）[EB/OL]. (2020-09-25)[2023-06-15].http://search.mnr.gov.cn/axis2/download/P020200924421642266736.pdf.

[10] 自然资源部. 社区生活圈规划技术指南：TD/T 1062—2021 [S/OL]. (2021-06-09)[2023-06-15].http://gi.mnr.gov.cn/202106/t20210616_2657688.html.

[11] 商务部，发展改革委，民政部，等. 商务部等12部门关于推进城市一刻钟便民生活圈建设的意见（商流通函〔2021年〕176号）[EB/OL]. (2021-05-28)[2023-06-15]. https://www.gov.cn/zhengce/zhengceku/2021-06/03/content_5615099.htm.

图表来源

图 2-1 源自：吴志强，李德华《城市规划原理（第四版）》

图 2-2 源自：金广君，许光华《TOD 发展模式解析及其创作实践》

图 3-1 源自：沈阳市中心城区总体规划（1996—2010 年）

图 3-2 源自：沈阳市总体城市设计

图 6-14 源自：沈城生活圈应用程序

图 6-16、6-17 源自：便民生活圈地图应用程序

图 7-18 源自：想家社区服务平台应用程序，大东区铂悦社区提供

图 7-22 源自：宋先生回收应用程序

本书中其他图片均为作者自绘或自摄

表 4-4、表 4-10、表 4-11、表 4-12、表 4-13 为作者根据《城市居住区规划设计标准》GB50180—2018、《社区生活圈规划技术指南》TD/T 1062—2021、《社区商业设施设置与功能要求》SBT 10455—2008、《社区商业全国示范社区评价规范》等绘制

表 4-8 源自：《上海市 15 分钟社区生活圈规划导则（试行）》

表 7-1 源自：沈阳市一刻钟便民生活圈试点评估报告

本书中其他表格均为作者自绘

图书在版编目（CIP）数据

沈阳一刻钟便民生活圈规划建设实践探索 / 李鑫，王帅，曹彦芹著；沈阳市商务局，沈阳市规划设计研究院有限公司组织编写 . -- 北京：中国建筑工业出版社，2025. 2. -- ISBN 978-7-112-30763-0

Ⅰ. TU984.231.1

中国国家版本馆 CIP 数据核字第 2025D9H509 号

责任编辑：毋婷娴
责任校对：赵　力

沈阳一刻钟便民生活圈规划建设实践探索

李鑫　王帅　曹彦芹　著

沈阳市商务局

沈阳市规划设计研究院有限公司　组织编写

*

中国建筑工业出版社出版、发行（北京海淀三里河路 9 号）

各地新华书店、建筑书店经销

北京方舟正佳图文设计有限公司制版

建工社（河北）印刷有限公司印刷

*

开本：787 毫米 × 1092 毫米　1/16　印张：11¾　字数：171 千字

2025 年 3 月第一版　2025 年 3 月第一次印刷

定价：**99.00** 元

ISBN 978-7-112-30763-0

(44415)